Generator-
Kraftgas- und Dampfkessel-Betrieb

in bezug auf

Wärmeerzeugung und Wärmeverwendung.

Eine Darstellung der Vorgänge, der Untersuchungs- und Kontrollmethoden bei der Umformung von Brennstoffen für den Generator-Kraftgas- und Dampfkessel-Betrieb.

Von

Paul Fuchs,
Ingenieur.

Mit 42 Textfiguren.

Zweite Auflage von „Die Kontrolle des Dampfkesselbetriebes".

Springer-Verlag Berlin Heidelberg GmbH
1905.

Alle Rechte, insbesondere das der
Ubersetzung in fremde Sprachen, vorbehalten.

ISBN 978-3-642-89724-5   ISBN 978-3-642-91581-9 (eBook)
DOI 10.1007/978-3-642-91581-9

Universitäts-Buchdruckerei von Gustav Schade (Otto Francke) in Berlin N.

Softcover reprint of the hardcover 2nd edition 1905

Vorwort.

Die gute Aufnahme, welche meine kleine Schrift „Die Kontrolle des Dampfkesselbetriebes in bezug auf Wärmeerzeugung und Wärmeverwendung" in Fachkreisen ausnahmslos gefunden hat, veranlaßt mich, neben dem Neudruck derselben auch die mir bekannt gewordenen Wünsche in bezug auf eine ausführlichere Darstellung der gesamten Umformungs-Arten von Brennstoffen zur Energie-Erzeugung gerecht zu werden. Dementsprechend erscheint die zweite Auflage des Buches nicht als ein Abdruck des ursprünglichen Textes, sondern bringt gemäß seines veränderten Titels „Generator-, Kraftgas- und Dampfkessel-Betrieb in bezug auf Wärmeerzeugung und Wärmeverwendung" eine Darstellung der Vorgänge, der Untersuchungs- und Kontrollmethoden bei der Umformung von Brennstoffen für den gesamten Generator-, Kraftgas- und Dampfkessel-Betrieb.

Die bewährte Einteilung des Stoffes — Erzeugung, Verwendung und Kontrolle — ist geblieben und nur insofern umgeformt, als es der erweiterte Text erfordert.

Auch in dem neuen Teil des Buches — Vergasung und Entgasung von Brennstoffen — ist wie im alten die Darstellung lediglich gestützt auf eigene Erfahrungen, welche ich mir auf Grund vieler Untersuchungen zu bilden reichlich Gelegenheit hatte.

Möge daher auch dieser Ausgabe eine gleich gute Aufnahme zu teil werden wie der ersten Auflage des Buches.

Friedenau-Berlin, Januar 1905.

Der Verfasser.

Inhaltsverzeichnis.

I. Teil.
Die Wärmeerzeugung.

A. Wärmeerzeugung durch Vergasung und Entgasung von Brennstoffen.

Seite
1. Die Vergasung von Kohlenstoff durch freien Sauerstoff 3
2. Die resultierenden Wärmemengen bei der Vergasung von Kohlenstoff durch freien Sauerstoff 10
3. Die Vergasung von Kohlenstoff durch gebundenen Sauerstoff in Form von Wasserdampf 11
4. Die resultierenden Wärmemengen bei der Vergasung von Kohlenstoff durch gebundenen Sauerstoff in Form von Wasserdampf und bei der Mischvergasung 14
5. Die Entgasung bitumenhaltiger Brennstoffe 18
6. Die Gasmengen und deren Zusammensetzung bei dem Vergasungs- und Entgasungs-Prozeß 21
7. Der Brennwert von Generatorgasen und die Berechnung des Nutzeffektes des Gaserzeugungsprozesses 26
8. Die Luft- und Gasmengen bei der Vergasung von Generatorgasen 32
9. Die Zusammensetzung der Verbrennungsgasmenge unter Berücksichtigung des Luftüberschusses 35

B. Wärmeerzeugung durch direkte Verbrennung.

10. Der direkte Verbrennungsprozeß und die hierzu nötige Luftmenge 41
11. Die Zusammensetzung und Menge der Verbrennungsprodukte unter Berücksichtigung des Luftüberschusses 44
12. Die Berechnung des Nutzeffektes der direkten Warmeentbindung und der Einfluß des Brennstoffs auf die Funktionen des Wärmeträgers 49

II. Teil.
Die Wärmeverwendung.

Seite

13. Die Wärmeaufnahmefähigkeit und Wärmeverteilung innerhalb einer Dampfkesselheizfläche und der Nutzeffekt der Dampfkesselanlage   65
14. Der Nutzeffekt und der Wärmedurchgang an Dampfüberhitzerheizflächen   89
15. Der Nutzeffekt und der Wärmedurchgang an Speisewasservorwärmerheizflächen   98

III. Teil.
Die Kontrolle des Kraftgas- und Dampfkessel-Betriebes.

16. Instrumente zu wärmetechnischen Untersuchungen 100
    a) Temperaturmessungen 101
    b) Druckmessungen 104
    c) Gaszusammensetzungsmessungen 115
    d) Apparate zur Kalorimetrie und Ermittlung der Brennstoffzusammensetzung 138
17. Methoden der Brennstoffuntersuchung 141
18. Die laufende Kontrolle des Gasgenerator-Betriebes 158
19. Die laufende Kontrolle des Dampfkessel-Betriebes 162

Verzeichnis der Formeln
zur Berechnung der in Betracht kommenden Vorgänge.

		Seite
1.	Vergasung von C zu CO, notwendige Luftmenge hierzu in kg	4
2	desgl. desgl. in cbm	4
3.	desgl. resultierendes CO-Quantum hierbei in kg	4
4.	desgl. resultierendes CO-Quantum hierbei in cbm	5
5.	Verbrennung von C zu CO_2, notwendige Luftmenge hierzu in kg	6
6.	desgl. desgl. in cbm	6
7.	desgl. resultierendes CO_2-Quantum hierbei in kg	6
8.	desgl. resultierendes CO_2-Quantum hierbei in cbm	7
9.	Beziehungen zwischen CO- und CO_2-Gehalt bei der Vergasung von C	7
10.	Beziehungen zwischen CO_2- und CO-Gehalt bei der Vergasung von C	7
11.	Vergasung von C durch H_2O, notwendiges H_2O-Quantum hierzu in kg	12
12.	desgl. notwendiges H_2O-Quantum hierzu in cbm	12
13.	desgl. notwendiges H_2O-Quantum hierzu in kg	13
14.	desgl. notwendiges H_2O-Quantum hierzu in cbm	13
15.	C-Gehalt der Generatorgase	23
16.	Generatorgasmenge pro 1 kg Brennstoff	23
17.	C-Gehalt der Generatorgase	24
18.	Generatorgasmenge pro 1 kg Brennstoff	24
19.	Generatorgas-Zusammensetzung	24
20.	Verbrennung von Generatorgasen, notwendige Luftmenge hierzu in kg	33

Verzeichnis der Formeln.

		Seite
21.	Verbrennung von Generatorgasen, notwendige Luftmenge hierzu in cbm	33
22.	desgl. resultierende Verbrennungsgasmenge hierbei in kg	34
23.	desgl. resultierende Verbrennungsgasmenge hierbei in cbm	34
24.	Luftüberschuß-Ermittlung aus dem CO_2-Gehalt	36
25.	desgl. O-Gehalt	36
26.	desgl. CO_2- und O-Gehalt	36
27.	desgl. CO_2- und O-Gehalt unter Berücksichtigung des Wasserdampfes	37
28.	Heizwertermittlung aus der Zusammensetzung eines Brennstoffs	42
29.	Berechnung der reduzierten Verdampfungsziffer	43
30.	Direkte Verbrennung von Brennstoffen, notwendige Luftmenge hierzu in kg	44
31.	desgl. notwendige Luftmenge hierzu in cbm	44
32.	desgl. resultierende Verbrennungsgasmenge hierbei in kg	45
33.	desgl. resultierende Verbrennungsgasmenge hierbei in cbm	45
34.	Wärmeinhalt von Verbrennungsgasen	50
35.	Temperatur der direkten Verbrennung	50
36.	Nutzeffekt direkter Verbrennung	51
37.	Mittlere Temperatur-Differenz bei einer Gleichstromheizfläche	67
38.	desgl. bei einer Gegenstromheizfläche	68
39.	desgl. bei einer Heizfläche mit konstanter Temperatur des Wärmeaufnehmers	68
40.	Ermittlung von CO ⎫	
41.	desgl. H ⎬ durch Verbrennung bei der Gasanalyse	116
42.	desgl. CH_4 ⎭	
43.	Temperatur-Korrektion bei kalorimetrischen Untersuchungen	146
44.	desgl., Annäherungsformel	146
45.	Verdampfungs-Wärme des Wassers bei kalorimetrischen Untersuchungen	150
46.	Lösungs- und Bildungs-Wärmen der S-Verbindungen bei kalorimetrischen Untersuchungen	152
47.	Gesamtarbeit bei der Zugerzeugung	172
48.	Reibungsarbeit des Dampfes in Rohrleitungen	179

I. Teil.
Die Wärmeerzeugung.

Die Wärmeerzeugung für die gesamten Zwecke der Technik kann nach der Art der unmittelbaren Verwendung der aus Brennstoffen erzeugten Energie in zwei Hauptgruppen getrennt werden:
  A. in eine Wärmeerzeugung, bei welcher der Brennstoff in der ersten Phase vergast oder entgast wird und das Gesamtprodukt sodann in Gasmotoren, unter Dampfkessel etc. verbrannt wird, und
  B. in eine Wärmeerzeugung, bei welcher der Brennstoff direkt zu den Endprodukten der Oxydation, Kohlensäure und Wasserdampf, verbrannt wird und die hierbei auftretenden Wärmemengen unmittelbar an den Wärmeaufnehmer, z. B. einen Dampfkessel, abgegeben werden;

deshalb sollen die in Frage kommenden Reaktionen und ihre Beziehungen zueinander gemäß dieser Einteilung betrachtet werden.

A. Wärmeerzeugung durch Vergasung und Entgasung von Brennstoffen.

Im Gegensatz zu der direkten, vollkommenen Verbrennung, einmal des Kohlenstoffs zu Kohlensäure und ferner des Wasserstoffs zu Wasserdampf, benutzt man in Generatoren nur einen Teil des vorhandenen Brennstoffs zur soeben angedeuteten

Oxydierung und verwendet die hierbei resultierende Wärmemenge für den anderen Teil des Brennstoffs zur Einleitung chemischer Reaktionen, welche entweder aus dem Kohlenstoff und dem atmosphärischen Sauerstoff Kohlenoxyd bilden oder aber durch gebundenen Sauerstoff in Form von Wasser neben Kohlenoxyd auch Wasserstoff als Spaltungsprodukt des Wassers erzeugen. Kurz ausgedrückt, formt man also den Kohlenstoff in brennbares, wärmegebendes Gas um und nennt diesen Prozeß die Vergasung desselben.

Hat man bei der eingangs erwähnten Art, der vollkommenen Verbrennung, das gebildete Wärmequantum als Resultierende eines Prozesses, so zerfällt die zweite Art in eine Phase der Gaserzeugung einerseits und der nachfolgenden Verbrennung zwecks Erzeugung von Energie in Form von Wärme andererseits. Während im ersten Fall Reaktions- und Wärmeabgabe-Ort identisch sind, liegen die Verhältnisse im anderen Fall derart, daß eine räumliche Trennung des Reaktionsortes von dem eigentlichen Wärmeerzeugungsort sich als notwendig erweist.

Neben den reinen Vergasungsreaktionen können weiter, sobald es sich um die Verwendung eines bitumenhaltigen Brennstoffes, beispielsweise Steinkohle, handelt, infolge der aus der teilweisen, direkten Verbrennung herrührenden Wärmemengen Destillationen oder Entgasungen einhergehen, welche den Reaktionsprodukten eine wesentlich verschiedene Zusammensetzung mit anderen Eigenschaften erteilen. Es ist dies ohne weiteres verständlich, wenn man die hohe Anzahl von Entgasungsprodukten bedenkt, welche je nach Art des Bitumens und der Höhe der Entgasungstemperatur entstehen.

Wird ein Gaserzeugungsbetrieb mit einheitlichen Substanzen, z. B. Kohlenstoff in Form von Koks, geführt, so sind die Bedingungen zur Kontrolle der einzelnen Vorgänge und der Zusammensetzung des Gases wesentlich einfacher, als wenn man neben dem Kohlenstoff im Ausgangsmaterial weiter an Kohlenstoff gebundenen Wasserstoff als Bitumen hat. Ist bei dem reinen Vergasungsprozeß eine rechnerische Kontrolle der einzelne Vorgänge durchführbar, so stellen sich bei den nebenherlaufenden Entgasungsprozessen Momente ein, welche rechnerisch nicht definierbar sind und durch empirische Ermittlung bestimmt werden müssen.

In den folgenden Abschnitten 1 bis 9 sind die für die Ver- und Entgasung von Brennstoffen in Betracht kommenden Reaktionen angeführt und an Beispielen erläutert.

1. Die Vergasung von Kohlenstoff durch freien Sauerstoff.

Da wohl in keinem Fall innerhalb technischer Betriebe mit reinem Sauerstoff Vergasungen von Kohlenstoff durchgeführt werden, sondern der in der atmosphärischen Luft befindliche Sauerstoff Verwendung findet, beziehen sich demgemäß die weiter folgenden Berechnungen und Formeln auf atmosphärische Luft und zwar aus praktischen Gründen ohne Berücksichtigung des immer vorhandenen Wasserdampfes in derselben.

In einem Kubikmeter Luft sind enthalten 0,2096 cbm Sauerstoff und 0,7904 cbm Stickstoff; dieses Volumenverhältnis in Gewichtsverhältnis umgesetzt ergibt weiter 0,2995 kg Sauerstoff und 0,9916 kg Stickstoff, sodaß 1 cbm Luft unter normalen Bedingungen 1,2911 kg wiegt und folgende Zusammensetzung zeigt:

	Vol.-Proz.	Gew.-Proz.
Sauerstoff, O	20,96	23,19
Stickstoff, N	79,04	76,81

Mit diesen Werten wird hier in entsprechenden Fällen gerechnet werden.

Für die Vergasung des Kohlenstoffs durch freien Sauerstoff kommen folgende Reaktionen in Betracht: Sauerstoff über glühenden Kohlenstoff, z. B. Koks, geleitet, gibt je nach dem Mischungsverhältnis beider entweder Kohlensäure als Verbrennungs- oder Kohlenoxyd als Vergasungsprodukt.

Bei der Verbrennung des Kohlenstoffs C hat man demnach

$$C + O_2 = CO_2,$$

während bei der Vergasung folgende Reaktionen auftreten können:

$$C + O = CO$$
$$CO_2 + C = 2\,CO.$$

Demnach entsteht Kohlenoxyd CO einmal direkt durch beschränkte Zuführung des Sauerstoffs O, während weiterhin die durch überschüssigen Sauerstoff gebildete Kohlensäure bei Gegenwart glühenden Kohlenstoffs zu Kohlenoxyd reduziert wird.

Es ist müßig, feststellen zu wollen, nach welcher Reaktion in irgend einem Generator die Vergasung des Kohlenstoffs vor sich geht.

Von Naumann und Ernst, Lang etc. liegen hierzu einige Untersuchungen vor, welche die Umstände, unter denen beide Vergasungsreaktionen auftreten, zum Gegenstand haben, jedoch hier nur erwähnt werden sollen.

Gemäß der Gleichung $C + O = CO$ berechnet sich die Luftmenge zu dieser Reaktion wie folgt:

$$C + O = CO = 11{,}91 \quad \text{und} \quad 15{,}88 = 1:1{,}3333.$$

Da nun in 100 kg Luft 23,19 kg Sauerstoff enthalten sind, erhält man pro 1 kg Kohlenstoff 5,766 kg Luft äquivalent 4,465 cbm.

Hat man den Kohlenstoffgehalt C eines Brennstoffs in Gewichtsprozenten, so erhält man für die Vergasung zu Kohlenoxyd dem Gewichte nach die nötige Luftmenge Lg_{CO} zu

$$Lg_{CO} = \frac{C \cdot 5{,}766}{100} \quad \dots \dots \quad 1)$$

und dem Volumen Lv_{CO} nach zu

$$Lv_{CO} = \frac{C \cdot 4{,}465}{100} \quad \dots \dots \quad 2)$$

Das Reaktionsprodukt Kohlenoxyd beträgt dem Gewichte nach, da es sich hier um die Zuführung von 1 kg Kohlenstoff zur Luft handelt, 1 plus der berechneten Luftmenge, hier also

$$CO_g = \frac{C \cdot 6{,}766}{100} \quad \dots \dots \quad 3)$$

und besteht aus

$$\begin{array}{r}\text{4,428 kg Stickstoff}\\ \underline{\text{und 2,338 - Kohlenoxyd}}\\ \text{zusammen 6,766 kg Gas}\end{array}$$

oder in Gewichtsprozenten aus

$$\begin{array}{r}\text{34,48 \% Kohlenoxyd}\\ \text{und 65,52 - Stickstoff.}\end{array}$$

Dem Volumen nach erhält man für das Reaktionsprodukt CO_v folgende Werte:

Äquivalent $^1/_2$ Volumen Sauerstoff ist 1 Volum Kohlenoxyd; da, wie oben ausgeführt, zur Kohlenoxydbildung 4,465 cbm atmosphärische Luft, bestehend aus

$$\begin{array}{r}\text{0,935 cbm Sauerstoff}\\ \underline{\text{und 3,530 - Stickstoff}}\\ \text{zusammen 4,465 cbm Luft}\end{array}$$

nötig sind, erhält man $0{,}935 \times 2 =$

$$\begin{array}{r}\text{1,870 cbm Kohlenoxyd}\\ \underline{\text{und 3,530 - Stickstoff}}\\ \text{zusammen 5,400 cbm Gas}\end{array}$$

bestehend aus

$$\begin{array}{r}\text{34,44 Vol.-Proz. Kohlenoxyd}\\ \text{und 65,56 - Stickstoff.}\end{array}$$

Man hat demnach

$$CO_v = \frac{C \cdot 5{,}400}{100} \quad \ldots \ldots \quad 4)$$

Zusammengefaßt erhält man theoretisch bei der Vergasung von 1 kg Kohlenstoff zu Kohlenoxyd unter Verwendung von atmosphärischer Luft folgende Gasgemische:

a) dem Gewicht nach:

$$\begin{array}{r}\text{Kohlenoxyd 2,338 kg} = 34{,}48\,\%\\ \underline{\text{Stickstoff \ \ 4,428 -   } = 65{,}52 \text{ -}}\\ \text{zusammen 6,766 kg} = 100{,}00\,\%\end{array}$$

b) dem Volumen nach:

$$\begin{array}{r}\text{Kohlenoxyd 1,870 cbm} = 34{,}44\,\%\\ \underline{\text{Stickstoff \ \ 3,530 -   } = 65{,}56 \text{ -}}\\ \text{zusammen 5,400 cbm} = 100{,}00\,\%\end{array}$$

Tatsächlich ist es unmöglich, einmal diesen Prozeß nur mit den quantitativen Mengen durchzuführen, und ferner sind hierzu gewisse Reaktionstemperaturen nötig; man verbrennt daher immer einen Teil des Kohlenstoffs zu Kohlensäure und hat die hierbei freiwerdende Wärmemenge als Reaktionstemperatur zur Verfügung.

In dem so erzeugten Reaktionsprodukt wird daher immer Kohlensäure in wechselnden Mengen vorhanden sein, weshalb hier weiter die Luft- und Gasmengen zur Durchführung dieses Prozesses ebenfalls erörtert werden sollen.

Gemäß der Gleichung $C + O_2 = CO_2$ berechnet sich die Luftmenge zu dieser Reaktion, wie folgt:

$$C + O_2 = CO_2 = 11{,}91 \text{ und } 31{,}76 = 1:2{,}666.$$

Da nun in 100 kg Luft 23,19 kg Sauerstoff enthalten sind, erhält man pro 1 kg Kohlenstoff 11,496 kg Luft äquivalent 8,904 cbm.

Hat man den Kohlenstoffgehalt C eines Brennstoffs in Gewichts-Prozenten, so erhält man für die Verbrennung zu Kohlensäure dem Gewichte nach die nötige Luftmenge Lg_{CO_2} zu

$$Lg_{CO_2} = \frac{C \cdot 11{,}496}{100} \quad \ldots \ldots \quad 5)$$

und dem Volumen Lv_{CO_2} nach zu

$$Lv_{CO_2} = \frac{C \cdot 8{,}904}{100} \quad \ldots \ldots \quad 6)$$

Das Reaktionsprodukt Kohlensäure beträgt dem Gewichte nach, da es sich wiederum um die Zuführung von 1 kg Kohlenstoff zur Luft handelt, 1 plus der berechneten Luftmenge, hier also

$$CO_{2g} = \frac{C \cdot 12{,}496}{100} \quad \ldots \ldots \quad 7)$$

und besteht aus

3,665 kg Kohlensäure
und 8,831 - Stickstoff
zusammen 12,496 kg Gas

oder in Gewichts-Prozenten aus

29,32 % Kohlensäure
und 70,68 - Stickstoff.

Dem Volumen nach erhält man für das Reaktionsprodukt CO_{2v} folgende Werte:

Äquivalent 1 Volum Sauerstoff ist 1 Volum Kohlensäure; da, wie oben ausgeführt, zur Kohlensäure-Bildung 8,904 cbm atmosphärische Luft, bestehend aus

$$\begin{array}{r}\text{1,866 cbm Sauerstoff}\\ \text{und 7,038 - Stickstoff}\\ \hline \text{zusammen 8,904 cbm Luft}\end{array}$$

nötig sind, erhält man

$$\begin{array}{r}\text{1,866 cbm Kohlensäure}\\ \text{und 7,038 - Stickstoff}\\ \hline \text{zusammen 8,904 cbm Gas}\end{array}$$

bestehend aus

20,96 Vol.-Proz. Kohlensäure
und 79,04   -   Stickstoff.

Man hat demnach

$$CO_{2v} = \frac{C \cdot 8{,}904}{100} \quad \ldots \ldots \quad 8)$$

Gemäß diesen Relationen entsprechen die Vergasungs- und Verbrennungsprodukte des Kohlenstoffs bei Anwendung atmosphärischer Luft folgenden Verhältnissen:

Vergasung		Verbrennung		
34,44 Vol.-Proz. CO	=	20,96 Vol.-Proz. CO_2		
oder 1,000 - CO	=	0,608 - CO_2		
- 1,000 - CO_2	=	1,643 - CO.		

Da nun bei der Vergasung neben Kohlenoxyd immer Kohlensäure auftritt, kann man aus den bekannten Mengen eines Bestandteiles die des andern berechnen; zur Durchführung dieser Rechnung erhält man folgende Ansätze:

Bekannt ist die CO_2-Menge; die CO-Menge in Volum-Prozenten ist dann

$$CO = 34{,}44 - (CO_2 \cdot 1{,}643) \quad \ldots \ldots \quad 9)$$

Bekannt ist die CO-Menge; die CO_2-Menge in Volum-Prozenten ist dann

$$CO_2 = (34{,}44 - CO) \cdot 0{,}608 \quad \ldots \ldots \quad 10)$$

In der nachfolgenden Tabelle sind zu einem gefundenen CO_2-Gehalt die zugehörige Menge CO berechnet und in der Figur 1 graphisch dargestellt.

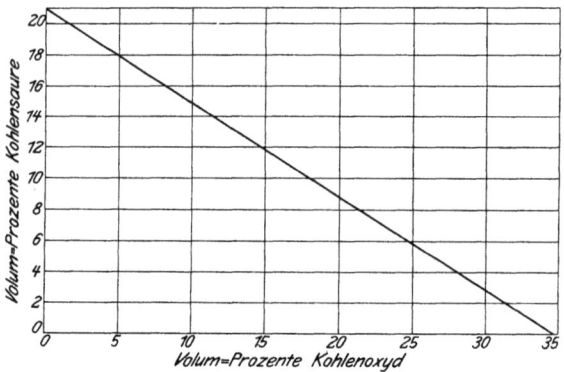

Fig. 1.

CO_2-	,0	,1	,2	,3	,4	,5	,6	,7	,8	,9
0,	34,44	34,28	34,12	33,95	33,79	33,62	33,46	33,29	33,13	32,97 % CO
1,	32,80	32,64	32,47	32,31	32,21	31,98	31,82	31,65	31,49	31,32 -
2,	31,16	30,99	30,83	30,66	30,50	30,44	30,17	30,01	29,84	29,68 -
3,	29,52	29,35	29,19	29,02	28,86	28,69	28,53	28,36	28,20	28,04 -
4,	27,87	27,71	27,54	27,38	27,21	27,05	26,87	26,72	26,56	26,39 -
5,	26,23	26,06	25,90	25,74	25,57	25,41	26,24	26,08	24,91	24,75 -
6,	24,59	24,42	24,26	24,09	23,93	23,76	23,60	23,44	23,27	23,11 -
7,	22,94	22,78	22,61	22,45	22,39	22,12	21,96	21,79	21,63	21,46 -
8,	21,30	21,14	20,97	20,81	20,64	20,48	20,31	20,15	19,99	19,82 -
9,	19,66	19,49	19,33	19,16	19,00	18,84	18,67	18,51	18,34	18,18 -
10,	18,01	17,85	17,69	17,52	17,36	17,19	17,03	16,86	16,70	16,36 -
11,	16,37	16,21	16,04	15,88	15,71	15,55	15,39	15,22	15,06	14,89 -
12,	14,73	14,56	14,34	14,23	14,07	13,91	13,74	13,58	13,41	13,25 -
13,	13,08	12,92	12,76	12,59	12,43	12,36	12,01	12,93	12,78	12,61 -
14,	11,44	11,28	11,11	10,95	10,78	10,62	10,46	10,29	10,13	9,96 -
15,	9,80	9,63	9,47	9,31	9,14	8,98	8,81	8,65	8,48	8,32 -
16,	8,16	7,99	7,83	7,66	7,50	7,33	7,17	7,01	6,84	6,68 -
17,	6,51	6,35	6,18	6,02	5,86	5,69	5,53	5,36	5,20	5,03 -
18,	4,87	4,71	4,54	4,38	4,21	4,05	3,88	3,72	3,56	3,39 -
19,	3,23	3,06	2,90	2,73	2,57	2,41	2,24	2,08	1,91	1,75 -
20,	1,58	1,42	1,26	1,09	0,93	0,76	0,60	0,43	0,27	0,11 -

Es ist auf Grund des bisher mitgeteilten Materials ohne weiteres klar, daß die Reaktionstemperatur von Einfluß auf die Zusammensetzung des Gases ist; denn die Reduktion von Kohlensäure zu Kohlenoxyd beispielsweise geht unter allmählicher Vergrößerung des Kohlenoxyds und Verkleinerung des Kohlensäuregehaltes vor sich, und zwar entspricht einer bestimmten Temperatur ein festes Gleichgewichtsverhältnis zwischen CO_2 und CO. Allgemein ausgedrückt, ergibt sich, daß der Kohlenoxydgehalt mit zunehmender Temperatur wächst und der Kohlensäuregehalt fällt.

So sind für diese Gleichgewichts-Bedingungen durch Boudouard folgende Grenzwerte ermittelt:

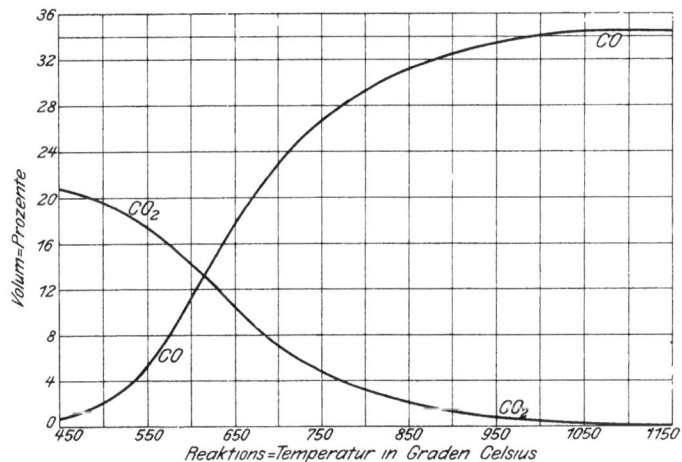

Fig. 2.

Temperatur	Zusammensetzung des Reaktions-Produktes	
	CO	CO_2
$\sim 500^0$	$\sim 7,1 \%$	$\sim 16,7 \%$
$\sim 600^0$	$\sim 9,7$ -	$\sim 15,1$ -
$\sim 700^0$	$\sim 23,1$ -	$\sim 6,9$ -
$\sim 800^0$	$\sim 29,9$ -	$\sim 2,8$ -
$\sim 900^0$	$\sim 34,0$ -	$\sim 0,2$ -

Diese Grenzkurven, Abhängigkeit der Temperatur von der Zusammensetzung der Reaktionsprodukte beim Vergasen von Kohlenstoff darstellend, sind in dem Diagramm Figur 2 graphisch zum Ausdruck gebracht.

2. Die resultierenden Wärmemengen bei der Vergasung von Kohlenstoff durch freien Sauerstoff.

Die Wärmemengen, welche den hier zu besprechenden Prozessen eigen sind, werden getrennt in solche, welche den reagierenden Komponenten eigen sind — Reaktionswärme — und in solche, welche den Produkten der Reaktion — Produktbrennwert — zugehören. Für die Vergasung von Kohlenstoff durch freien Sauerstoff erhält man nun:

$$C + O = CO$$
Kohlenstoff + Sauerstoff gleich Kohlenoxyd
$$11{,}91 + 15{,}88 = 27{,}79$$
Reaktionswärme: 29227,14 W. E. — —
Produktbrennwert: — — 67005,66 W. E.

ferner:

$$C + O_2 = CO_2 \qquad CO_2 + C = 2\,CO$$
Reaktionswärme: 96232,80 W. E. — 37778,52 W. E.
Produktbrennwert: — 134011,32 -

Diese Werte beziehen sich, wie schon die erste Gleichung zeigt, auf molekulare Mengen; formt man dieselben nun so um, daß die Reaktionsmenge 1 kg Kohlenstoff repräsentiert, so erhält man:

	Reaktionswärme	Produktbrennwert
1 kg Kohlenstoff oxydiert zu CO_2	8080 W. E.	0 W. E.
1 - - - - CO	5626 -	2454 -

Ferner reduziert 1 kg Kohlenstoff gemäß der Gleichung $CO_2 + C = 2\,CO$ 3,666 kg Kohlensäure zu 5,000 kg Kohlenoxyd oder 1 kg Kohlensäure bedarf zur Reduktion zu Kohlenoxyd 0,245 kg Kohlenstoff, hierbei 1,364 kg Kohlenoxyd bildend. Es stellt sich nunmehr die Wärmegleichung wie folgt:

Wärmemengen bei der Luft. Kohlenstoffvergasung. 11

	Reaktionswärme	Produktbrennwert
1 kg Kohlenstoff reduziert 3,666 kg CO_2 und gibt 5,000 kg CO . .	− 3172 W. E.	11 252 W. E.

Es bedarf also im letzten Fall der äußeren Zuführung von Wärme, da die Reaktionswärme negativ ist.

Die in der Gleichung $CO_2 + C = 2\,CO$ vorhandenen Bedingungen lassen sich z. B. als Wärmebilanz, wie folgt, aufstellen:

	Berechnung für molekulare Mengen	1 kg Kohlenstoff
[1]) C zu CO_2 oxydiert; man erhält . .	96 232,80 W. E.	8 080 W. E.
[2]) bei der Reduzierung zu CO verbleiben zunächst als Reaktionswärme . . .	67 005,66 -	5 626 -
[3]) und das Reaktionsprodukt CO besitzt einen Produktbrennwert von . . .	29 227,14 -	2 454 -
[4]) die durch die gesamten Reaktionen entstandenen Wärmemengen belaufen sich zu	58 454,28 -	4 908 -
[5]) die der Gleichung entsprechende Gesamtwärme (Reaktionswärme und Produktbrennwert) stellt sich nunmehr zu	192 465,60 -	16 160 -
[6]) d. h. dieselbe ist aquivalent dem Wärmewert des zur Reaktion benutzten Kohlenstoffquantums, nämlich . .	192 465,60 -	16 160 -

3. Die Vergasung von Kohlenstoff durch gebundenen Sauerstoff in Form von Wasserdampf.

Die Vergasung von Kohlenstoff durch gebundenen Sauerstoff in Form von Wasserdampf geschieht durch Einblasen desselben in eine Schicht glühenden Kokses; die hierbei möglichen Reaktionen sind folgende:

[1]) $(8080 \cdot 11{,}91) = 96\,232{,}80$.
[2]) $[(8080 - 2454) \cdot 11{,}91] = 67\,005{,}66$; $(8080 - 2454) = 5626$.
[3]) $(96\,232{,}80 - 67\,005{,}66) = 29\,227{,}14$; $(8080 - 5626) = 2454$.
[4]) $(96\,232{,}80 - 67\,005{,}66 + 29\,227{,}14) = 58\,454{,}28$; $(8080 - 5626 + 2454) = 4908$.
[5]) $\{[2 \cdot 11{,}91 \cdot (8080 - 2454)] + 58\,454{,}28\} = 192\,465{,}60$;
   $[2 \cdot (8080 - 2454) + 4908] = 16\,160$.
[6]) $\{2 \cdot (11{,}91 \cdot 8080)\} = 192\,465{,}60$; $(2 \cdot 8080) = 16\,160$.

a) $C + H_2O = CO + H_2$;
b) $C + 2H_2O = CO_2 + 2H_2$;

der Prozeß kann demnach einmal unter Bildung von Kohlenoxyd und Wasserstoff und das andere Mal unter Bildung von Kohlensäure und Wasserstoff vor sich gehen. Gemäß der Gleichung a) berechnen sich die Reaktionsmengen, wie folgt:

$C + H_2O = CO + H_2 = 11{,}91$ und $17{,}88 = 1{,}000 : 1{,}5012$;

pro 1 kg Kohlenstoff hat man demnach 1,5012 kg Wasser in Form von Dampf nötig.

Hat man den Kohlenstoffgehalt C eines Brennstoffs in Gewichtsprozenten, so erhält man die der Gleichung a) entsprechende Dampfmenge Dg in kg zu

$$Dg = \frac{C \cdot 1{,}5012}{100} \quad \ldots \ldots \quad 11)$$

und ferner in Volumen Dv zu

$$Dv = \frac{\frac{C \cdot 1{,}5012}{100}}{\gamma} \quad \ldots \ldots \quad 12)$$

wenn mit γ die Dichtigkeit des verwandten Dampfes bezeichnet wird.

Es entsteht bei diesem Prozeß weiter pro 1 kg Kohlenstoff ein Gas folgender Zusammensetzung:

2,3333 kg Kohlenoxyd =	93,28 Gew.-Proz.	CO
und 0,1679 - Wasserstoff =	6,72 -	H
zusammen 2,5012 kg Gas	= 100,00 Gew.-Proz.;	

dem Volumen nach erhält man pro 1 kg Kohlenstoff:

1,8657 cbm Kohlenoxyd =	49,85 Vol.-Proz.	CO
und 1,8749 - Wasserstoff =	50,15 -	H
zusammen 3,7406 cbm Gas	= 100,00 Vol.-Proz.	

Gemäß der Gleichung b) erhält man folgende Reaktionsmengen:

$C + 2H_2O = CO_2 + 2H_2 = 11{,}91$ und $35{,}76 = 1{,}0000 : 3{,}0025$;

pro 1 kg Kohlenstoff hat man demnach 3,0025 kg Wasser in Form von Dampf nötig.

Hat man den Kohlenstoffgehalt C eines Brennstoffes in Gewichtsprozenten, so erhält man die der Gleichung b) entsprechende Dampfmenge Dg in kg zu

$$Dg = \frac{C \cdot 3{,}0025}{100} \quad \ldots \ldots \quad 13)$$

und ferner in Volumen D v zu

$$Dv = \frac{\frac{C \cdot 3{,}0025}{100}}{\gamma} \quad \ldots \ldots \quad 14)$$

wenn mit γ wieder die Dichtigkeit des eingeblasenen Dampfes bezeichnet wird.

Pro 1 kg Kohlenstoff erhält man als Reaktionsprodukt weiter:

```
      3,6667 kg Kohlensäure  =  91,61 Gew.-Proz. CO₂
 und  0,3358  -  Wasserstoff =   8,39     -      H
zusammen 4,0025 kg Gas       = 100,00 Gew.-Proz.
```

Dem Volumen nach erhält man:

```
      1,8656 cbm Kohlensäure  =  33,23 Vol.-Proz. CO₂
 und  3,7498  -  Wasserstoff  =  66,77     -      H
zusammen 5,6154 cbm Gas       = 100,00 Vol.-Proz.
```

In den meisten Fällen hat man weder eine reine Vergasung von Kohlenstoff vermittelst freien oder gebundenen Sauerstoffs, sondern es laufen beide Prozesse nebeneinander her und wird dieser Vorgang als Mischvergasung des Kohlenstoffs bezeichnet. Man saugt beispielsweise vermöge eines Dampfstrahlgebläses atmosphärische Luft an und mischt diese mit dem austretenden Arbeitsdampf; Luft und Wasserdampf treten durch die glühende Brennstoffschicht und leiten die hier erörterten Reaktionen ein.

Bezeichnet man das Reaktionsprodukt der Vergasung mit freiem Sauerstoff als Generatorgas oder auch Luftgas, das der Vergasung mit gebundenem Sauerstoff in Form von Wasserdampf als Wassergas, so nennt man das Produkt der Mischvergasung entweder Mischgas oder Halbwassergas.

Je nach den Spannungsverhältnissen der Luft, des Dampfes und des Gases spricht man weiter von Druck- oder Sauggeneratoren.

4. Die resultierenden Wärmemengen bei der Vergasung von Kohlenstoff durch gebundenen Sauerstoff in Form von Wasserdampf und bei der Mischvergasung.

Während bei den bisher geschilderten Prozessen nur Gase als Reaktionsprodukte auftraten, kommt bei den hier folgenden Reaktionen ein kondensierbarer Dampf, Wasserdampf, hinzu. Dieser kann nun entweder zu flüssigem Wasser kondensieren oder aber dampfförmig verbleiben. Beim Kondensieren gibt derselbe seine latente Wärme mit ab, während im dampfförmigen Zustande letztere gebunden bleibt. Bei den Wärmewerten, welche den hier folgenden Berechnungen zugehörig sind, ist deshalb auf diese Zustände Rücksicht genommen, und zwar hat man unter α dampfförmiges Wasser von 20^0 C. und in β kondensiertes Wasser von 0^0 C.

Für die Vergasung des Kohlenstoffs durch gebundenen Sauerstoff kommen folgende Reaktionen in Betracht:

	Reaktionswarme	Produktbrennwert
a) $C + H_2O = CO + H_2$ =		
α) $-57600,00 + 29227,14 =$	$-28372,86$	142887,51 W. E.
β) $-68440,00 + 39212,86 =$	$-39212,86$	153727,51 -
b) $C + 2H_2O = CO_2 + 2H_2$ =		
α) $-115200,00 + 96232,80 =$	$-18967,20$	141200,00 -
β) $-136880,00 + 96232,80 =$	$-40647,20$	152880,00 -

Formt man wiederum diese Werte so um, daß die Reaktionsmenge 1 kg Kohlenstoff beträgt, so erhält man:

	Reaktionswarme	Produktbrennwert
a) 1 kg C vergast mit 1,5012 kg H_2O =		
α)	$-952,42$	10561,43 W. E.
β)	$-1316,30$	12471,44 -
b) 1 kg C vergast mit 3,0025 kg H_2O =		
α)	$-434,53$	9671,04 -
β)	$-930,78$	11491,07 -

Bei allen diesen Reaktionen wird also Wärme gebunden; ferner ist es in Bezug auf die Wärmemengen gleichgültig, ob der Prozeß nach der Formal a) $(C + H_2O = CO + H_2)$ oder nach der Formel b) $(C + 2H_2O = CO_2 + 2H_2)$ vor sich geht.

Ein anderes Verhalten ergibt sich, wenn man die Ausnutzbarkeit der Gase während der Verbrennung in Betracht zieht. Auf Seite 12—13 ist gezeigt worden, daß das Gas nach Gleichung a) $\sim 50{,}15$ Vol.-Proz. Wasserstoff, das nach Gleichung b) $66{,}77$ Vol.-Proz. Wasserstoff besitzt. Bei der Verbrennung beider Gase würde Wasserdampf in wechselnden Mengen resultieren.

Es ist nun aber die spezifische Wärme des Wasserdampfes rund doppelt so groß, als wie beispielsweise die der Kohlensäure (dem anderen Verbrennungsprodukt beider Gase), d. h. man würde im Fall b) bei irgend einem auf Temperaturdifferenzen begründeten Wärmeverwendungs-Prozeß sehr viel mehr Wärme nutzlos abgeben müssen.

Läßt man, wie bereits vor kurzem erwähnt, die Vergasung des Kohlenstoffs sowohl durch freien als auch durch gebundenen Sauerstoff vor sich gehen, so erhält man nebeneinander laufende Prozesse, welche als Mischvergasung bezeichnet werden.

In den meisten Fällen wird man es, soweit es sich um Verwendung des Gases in Explosionsmaschinen handelt, mit einem Mischgas zu tun haben.

Bezogen auf Wasserdampf von 20^0 erhält man folgende Reaktionen und Wärmewerte.

Nach Formel a) hat man:

	Reaktionswärme	Produktbrennwert
$C + H_2O = CO + H_2 =$	$-28372{,}86$ W. E.	$142887{,}51$ W. E.

ferner

$C + O = CO =$	$29227{,}14$ -	$67005{,}66$ -

Nimmt man an, daß bei der Vergasung durch freien Sauerstoff von den $29227{,}14$ W. E. ca. $\sim 10\,000$ W. E. nutzbar gemacht werden und welche, wenn diese Reaktion dreimal für einmal nach Formel a) durchgeführt wird, ~ 30000 W. E. geben, so erhält man hierdurch ein Äquivalent für die mit einem

Minuszeichen vermerkten — 28372,86 W. E. aus der Zerlegung des Wasserdampfes.

Der Mischgasprozeß ginge dann so vor sich:

$$4C + 3O + H_2O = 4CO + H_2.$$

Man erhält demnach aus 47,64 Kohlenstoff, 47,64 Sauerstoff und 17,88 Wasserdampf 113,16 kg Mischgas, bestehend aus:

	111,16 kg	Kohlenoxyd	=	98,23	Gew.-Proz.	CO
und	2,00 -	Wasserstoff	=	1,77	-	H
zusammen	113,16 -	Gas		= 100,00	Gew.-Proz.	

In Volumen ausgedrückt, erhielte man:

	88,883 cbm	Kohlenoxyd	=	81,81	Vol.-Proz.	CO
und	19,765 -	Wasserstoff	=	18,19	-	H
zusammen	108,648 cbm	Gas		= 100,00	Vol.-Proz.	

Nun wird man aber statt reinen Sauerstoff immer atmosphärische Luft zur Verwendung bringen. Die nötigen 47,64 kg Sauerstoff sind nun in 205,08 kg Luft mit 157,44 kg Stickstoff enthalten. Man erhielte dann folgende Gasmengen:

Kohlenoxyd	= 111,16 kg		= 41,07	Gew.-Proz.	CO
Wasserstoff	= 2,00 -		= 0,73	-	H
Stickstoff	= 157,44 -		= 58,20	-	N
zusammen		270,60 kg	Gas = 100,00	Gew.-Proz.	

oder in Volum-Prozent:

Kohlenoxyd	= 88,883 cbm		= 37,96	Vol.-Proz.	CO
Wasserstoff	= 19,765 -		= 8,44	-	H
Stickstoff	= 125,479 -		= 53,60	-	N
zusammen		234,127 cbm	Gas = 100,00	Vol.-Proz.	

Mit 1 kg Kohlenstoff, 4,304 kg Luft und 0,375 kg Wasserdampf könnte man nach dieser Reaktion 4,914 cbm Mischgas mit je 1383 W. E. Heizwert erzeugen; man erhielte 6796 W. E. in Form von Mischgas aus den 8080 W. E. des Kohlenstoffs wieder, d. h. der Prozeß geht ohne Berücksichtigung der Eigenwärme mit einem Effekt von 84,10 % vor sich.

Nach Formel b) hat man weiter:

	Reaktionswärme	Produktbrennwert
$C + 2H_2O = CO_2 + 2H_2 =$	$-18967{,}20$	$141200{,}00$

ferner

$C + O$	$= CO$	$=$	$29227{,}14$	$67005{,}66.$

Würde man wieder die $-18967{,}20$ W. E. aus der Wasserdampfzerlegung realisieren wollen, so müßte die Vergasung durch freien Sauerstoff ($C + O = CO$) zweimal für die Reaktion der Formel b) durchgeführt werden.

Der Mischgasprozeß ginge dann so vor sich:

$$3C + O_2 + 2H_2O = CO_2 + 2CO + 2H_2;$$

man erhält demnach aus 35,73 Kohlenstoff, 31,76 Sauerstoff und 35,76 Wasserdampf 103,25 kg Mischgas, bestehend aus:

	43,67 kg Kohlensäure =	42,29	Gew.-Proz.	CO_2
	55,58 - Kohlenoxyd =	53,83	-	CO
und	4,00 - Wasserstoff =	3,88	-	H
zusammen	103,25 kg Gas	= 100,00	Gew.-Proz.	

In Volumen ausgedrückt, erhielte man:

22,219 cbm Kohlensäure =	19,95	Vol.-Proz.	CO_2
44,441 - Kohlenoxyd =	39,92	-	CO
44,667 - Wasserstoff =	40,13	-	H
zusammen 111,327 cbm Gas	= 100,00	Vol.-Proz.	

Durch Verwendung von atmosphärischer Luft statt Sauerstoff erhält man einen Zusatz von 136,71 kg Luft, enthaltend 104,95 kg Stickstoff; hierdurch resultieren folgende Gasmengen:

Kohlensäure =	43,67 kg	=	20,97 Gew.-Proz.	CO_2
Kohlenoxyd =	55,58 -	=	26,69 -	CO
Wasserstoff =	4,00 -	=	1,91 -	H
Stickstoff =	104,95 -	=	50,43 -	N
zusammen	208,20 kg Gas	=	100,00 Gew.-Proz.	

oder in Volum-Prozent:

Kohlensäure =	22,219 cbm	=	11,39 Vol.-Proz.	CO_2
Kohlenoxyd =	44,441 -	=	22,79 -	CO
Wasserstoff =	44,667 -	=	22,91 -	H
Stickstoff =	83,645 -	=	42,91 -	N
zusammen	194,972 cbm Gas	=	100,00 Vol.-Proz.	

Mit 1 kg Kohlenstoff könnte man nach dieser Reaktion unter Zuhilfenahme von 3,822 kg Luft und 1,125 kg Wasser 5,459 cbm Mischgas mit je 1290 W. E. Heizwert erzeugen; man erhielte 7042 W. E. in Form von Mischgas aus den 8080 W. E. des Kohlenstoffs wieder, d. h. der Prozeß geht ohne Berücksichtigung der Eigenwärme mit einem Nutzeffekt von 87,15 % vor sich. Es sei noch erwähnt, daß neben den hier erwähnten Reaktionen

$$C + H_2O = CO + H_2$$
$$\text{und } C + 2H_2O = CO_2 + 2H_2$$

bei der Mischvergasung noch eine weitere auftreten kann, nach welcher gebildetes Kohlenoxyd mit noch unzersetztem Wasserdampf Kohlensäure und Wasserstoff bilden:

$$CO + H_2O = CO_2 + H_2$$

Analog der vorerwähnten Beispiele lassen sich für diese Formel die Reaktionsmengen und prozentualen Zusammensetzungen leicht berechnen.

5. Die Entgasung bitumenhaltiger Brennstoffe.

Erhitzt man bitumenhaltige Brennstoffe ohne Zutritt von atmosphärischer Luft, z. B. Steinkohle, so tritt eine Destillation ein, welche mit Entgasung bezeichnet wird und bei der eine große Anzahl von Materien aus dem Ursprungsmaterial entweichen.

Da dieser Prozeß bei Verwendung bitumenhaltiger Brennstoffe, die zur Vergasung dienen, nebenhergeht, soll derselbe hier einer näheren Betrachtung unterzogen werden.

Bei der Erhitzung entweicht zuerst das dem Brennstoff anhaftende Wasser. Je nach der Destillations-Temperatur ist nun die Menge und Art der freiwerdenden Substanzen verschieden, und zwar resultieren in der zweiten Periode nicht kondensierende Gase, während zum Schluß Dämpfe entbunden werden, welche bei Lufttemperatur kondensieren und zum Teil flüssigen, zum Teil festen Zustand annehmen. Der vollständig entgaste Rückstand, Koks, besteht theoretisch nunmehr nur noch aus Kohlenstoff und den mineralischen Beimengungen des ursprünglichen Materials.

Trennt man diese einzelnen Hauptfraktionen in kondensiertes Wasser oder kurzweg Gaswasser, Gasanteil, Teeranteil (für die kondensierten Dämpfe) und Koksausbeute, so erhält man eine für die Beurteilung irgend eines Brennstoffs wichtige Charakteristik.

Z. B. herrschen in diesem Sinne folgende Mischungsverhältnisse vor:

Zusammensetzung	Brennstoff No.					
	1	2	3	4	5	6
	%	%	%	%	%	%
Kohlenstoff C	41,41	21,04	50,14	45,82	51,28	74,38
Wasserstoff . . . . . H	4,31	2,98	4,09	4,59	6,40	4,54
Schwefel . . . . . . S	—	0,86	1,12	3,06	0,72	0,90
Wasser, hygrosk. . . H_2O	25,24	56,24	14,84	22,32	15,64	5,48
Rückstände . . . . Rck.	1,58	3,45	4,71	10,54	8,70	3,79
Sauerstoff und Stickstoff als Differenz . . O + N	27,46	15,43	25,10	13,67	17,26	10,91
Gaswasser	25	57	15	24	16	6
Gasanteil	36	18	30	30	15	5
Teeranteil . . - . . .	4	3	4	6	7	21
Koksausbeute	35	22	51	40	62	68

Brennstoff No. 1: Oldenburger Maschinentorf.

Brennstoff No. 2: Rohbraunkohle aus dem Niederlausitzer Becken.

Brennstoff No. 3: Brikettierte Braunkohle aus dem Niederlausitzer Becken.

Brennstoff No. 4: Böhmische Braunkohle aus dem Duxer Becken.

Brennstoff No. 5: Braunkohle aus einem Vorkommen in Russisch-Polen.

Brennstoff No. 6: Steinkohle aus Oberschlesien.

Aus den angegebenen Zahlenwerten ersieht man die außerordentlich verschiedenen Variationen; eine Beziehung zwischen elementarer Zusammensetzung und der Konstitution in Bezug auf die oben angegebene Trennung ist nicht erkennbar.

Verteilt man die einzelnen Fraktionen z. B. nach ihren Wärmewerten, so erhält man folgende Zusammenstellung.

Brennstoff No. 2.

Ursprünglicher Brennwert . . . . 2323 W. E.
Gaswasser   = 57 % a — W. E. = — W. E.
Gasanteil   = 18 - - 2966 - = 534 -
Teeranteil   = 3 - - 9412 - = 282 -
Koksausbeute = 22 - - 6855 - = 1507 -

in Summa   2323 W. E.

Brennstoff No. 5.

Ursprünglicher Brennwert . . . . 5081 W. E.
Gaswasser   = 18 % a — W. E. = — W. E.
Gasanteil   = 15 - - 1544 - = 278 -
Teeranteil   = 5 - - 8226 - = 411 -
Koksausbeute = 62 - - 7084 - = 4392 -

in Summa   5081 W. E.

Ebenso verschieden wie die einzelnen Hauptfraktionen sind auch die Anteile der diese bildenden Grundmaterien. In dem kondensierten Wasser, dem Gaswasser, befinden sich in Form von Salzen Verbindungen aus dem Schwefel und dem Stickstoff des Brennstoffs etc., Substanzen, die hier ohne Interesse sind. Außerordentlich mannigfaltig und der Beachtung wert ist ferner die Zusammensetzung des Gasanteils. Von Einfluß hierauf ist, wie schon eingangs erwähnt, neben der Art des Brennstoffs die Zeitdauer und die Höhe der Temperatur, mit welcher die Entgasung durchgeführt wurde.

Ein Beispiel soll hierzu zahlenmäßige Belege geben.

Bei der Entgasung einer Steinkohle in einer Retorte wurde beobachtet:

Zeitdauer der Temperatur-Einwirkung in Stunden	Zusammensetzung des Entgasungsprodukts in %					
	CO_2 Kohlensäure	CO Kohlenoxyd	CH_4 Methan	C_2H_4 Äthylen	H Wasserstoff	N Stickstoff
1	2,3	5,9	59,2	8,4	21,0	3,2
5	1,4	6,4	23,8	2,1	64,9	1,7
10	1,3	6,3	22,4	1,9	67,0	1,1

Die Entgasung. 21

In dem Diagramm Figur 3 sind weiter die Veränderungen in der Zusammensetzung als Funktion der Zeitdauer der Entgasung dargestellt.

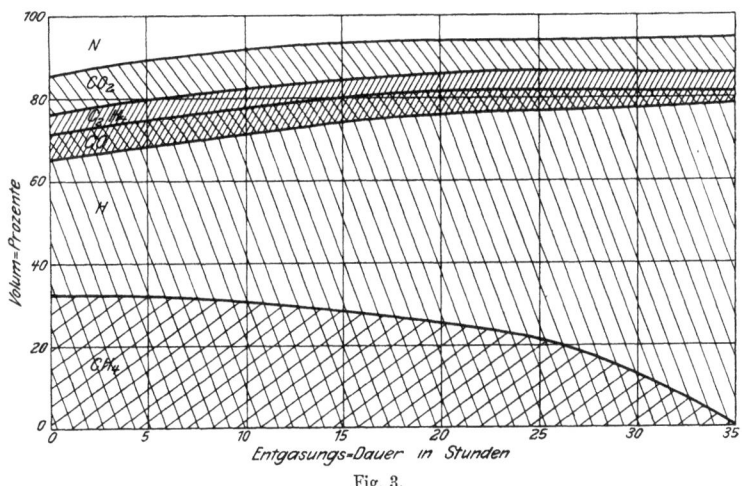

Fig. 3.

Bei verschiedenen Temperaturen entgast, wurden ferner beispielsweise an einer und derselben Steinkohle folgende Fraktionen beobachtet:

Mittlere Entgasungstemperatur

	$\sim 850^0$ C.	1150^0 C.
Gaswasser	8,2 %	8,2 %
Gasanteil	18,8 -	17,4 -
Teeranteil	7,3 -	9,6 -
Koksausbeute	65,7 -	64,8 -

6. Die Gasmengen und deren Zusammensetzung bei dem Vergasungs- und Entgasungs-Prozeß.

Von den bei der Gaserzeugung, sei es durch Vergasung oder auch Entgasung eines Brennstoffs, auftretenden Bestandteilen kommen hier folgende in Betracht:

1. Kohlensäure . . . CO_2
2. Kohlenoxyd . . . CO
3. Methan . . . . . CH_4
4. Äthylene . . . . $C_n H_{2n} = C_2 H_4$
5. Wasserstoff . . . H
6. Stickstoff . . . . N
7. Sauerstoff . . . . O.

Spuren von Schwefelwasserstoff, H_2S, schwefliger Säure SO_2 und Dämpfe von Benzol etc. sind — ihrer geringen Menge wegen — außer acht gelassen.

In der folgenden Tabelle sind wichtige Konstanten, etc. derselben übersichtlich zusammengestellt.

Bei den Substanzen, welche bei der Verbrennung Wasser liefern, ist der Brennwert wieder mit zwei Zahlen (α und β) angegeben und zwar hat man in α Bezug auf dampfförmiges Wasser von 20^0 und in β auf kondensiertes Wasser von 0^0 C.

Substanz	Molekular-Gewicht	Verbrennungs-gleichung	1 cbm wiegt kg	1 kg hat cbm	Brennwert pro 1 kg Substanz W. E.	Brennwert pro 1 cbm Substanz W. E.
Kohlensäure CO_2	43,67	—	1,9651	0,5088	—	—
Kohlenoxyd CO	27,79	$CO + O = CO_2$	1,2505	0,7996	2 454	3 069
Methan CH_4	15,91	$CH_4 + 2O_2 = CO_2 + 2H_2O$	0,7150	1,3984	α 11 900 β 13 419	α 8 509 β 9 596
Äthylen C_2H_4	27,82	$C_2H_4 + 3O_2 = 2CO_2 + 2H_2O$	1,2517	0,7989	α 12 638 β 13 382	α 16 922 β 17 748
Wasserstoff H_2	2,00	$H_2 + O = H_2O$	0,0895	11,1669	α 28 800 β 34 220	α 2 579 β 3 064
Stickstoff N_2	27,94	—	1,2546	0,7970	—	—
Sauerstoff O_2	31,76	—	1,4292	0,6996	—	—

Kennt man die elementare Zusammensetzung irgend eines Brennstoffes und wird derselbe z. B. durch atmosphärische Luft vergast, wobei nebenher eine Entgasung der bituminösen Substanz auftritt, so kann man, wenn die Zusammensetzung des resultierenden Gases ebenfalls ermittelt wird, einen Rückschluß auf die Menge der pro 1 kg Brennstoff erzeugten Gasmenge machen; es ist das Betreten eines experimentellen Weges, sei es beispielsweise durch Geschwindigkeitsmessung des Gases in einem Rohr etc. meist unmöglich, sodaß der rechnerische Weg der Gasmengenermittlung beschritten werden muß.

Man geht bei dieser Berechnung von dem Kohlenstoffgehalt des Brennstoffs aus, welcher in Beziehung zu dem Kohlenstoffgehalt des gebildeten Gases gebracht wird. Die pro 1 kg Brennstoff erzeugte Gasmenge wird in Kubikmeter, cbm, angegeben, welche gegebenenfalls bequem in Kilogramm umgerechnet werden kann, ein Verfahren, welches dann angewandt wird, wenn Wärmebilanzen, welche sich auf Gewichtsmengen beziehen, aufgestellt werden sollen.

In den Gasen CO_2, CO, CH_4, C_2H_4 beträgt die Menge des Kohlenstoffs pro 1 cbm Gas genau 0,5359 kg; verbrennt man 1 kg Kohlenstoff gemäß $C + O_2 = CO_2$, so bilden sich 1,8659 cbm Kohlensäure (43,67 : [11,91 . 1,9651]); in diesen 1,8659 cbm Kohlensäure sind 1 kg Kohlenstoff enthalten, folglich in einem Kubikmeter 0,5359 kg.

Man bestimmt zuerst den Kohlenstoffgehalt C des Gases, von welchem die Zusammensetzung vorliegt; derselbe beträgt:

$$C = \frac{(CO_2 + CO + CH_4 + C_2H_4) \cdot 0{,}5359}{100} \quad \ldots \quad 15)$$

Setzt man diesen gefundenen Kohlenstoffgehalt C des Gases in Beziehung zu dem Kohlenstoffgehalt des zur Gaserzeugung verwandten Brennstoffs C_1, so erhält man die pro 1 kg Brennstoff erzeugte Gasmenge G zu

$$G = \frac{\dfrac{C_1}{100}}{\dfrac{(CO_2 + CO + CH_4 + C_2H_4) \cdot 0{,}5359}{100}} = \frac{\dfrac{C_1}{100}}{C} \quad . \quad 16)$$

Da man selten in der Lage ist, sämtlichen Kohlenstoff des Brennstoffes an der Vergasung partizipieren zu lassen, sondern ein gewisser Anteil beim Ausbringen der mineralischen Rückstände unvergast und verlustbringend mitentfernt wird, muß bei der Berechnung der Gasausbeute nicht C_1 sondern $C_1 - v$ gesetzt werden, wenn v die in Prozenten des ursprünglichen Brennmaterials angegebene Verlust mit sich bringende Menge Kohlenstoff ist.

Ebenso kann durch die Art der Betriebsführung des Generators in den Gasen pro 1 cbm nicht nur der nach der Formel 15) berechnete Kohlenstoffgehalt, sondern ein höherer, herrührend aus fein zerteiltem Ruß und Teerdämpfen, vorhanden sein. Bezeichnet man mit r die Ruß-Teerdampf-Kohlenstoffmengen in Gramm pro 1 cbm, so erhält man nunmehr zusammengezogen den Kohlenstoffgehalt C des Gases zu

$$C = \frac{(CO_2 + CO + CH_4 + C_2H_4) \cdot 0{,}5359}{100} + r \quad . \quad . \quad 17)$$

und die pro 1 kg Brennstoff erzeugte Gasmenge G zu

$$G = \frac{\frac{C_1 - v}{100}}{\frac{(CO_2 + CO + CH_4 + C_2H_4) \cdot 0{,}5359}{100} + r} = \frac{\frac{C_1 - v}{100}}{C} \quad 18)$$

Die Zusammensetzung der Gasmenge G pro 1 kg Brennstoff, ebenfalls in cbm, auf Grund der in Volum-Prozenten angegebenen Gasanalyse ergibt sich zu

$$\frac{(G \cdot CO_2) + (G \cdot CO) + (G \cdot CH_4) + (G \cdot C_2H_4) + (G \cdot H) + (G \cdot O) + (G \cdot N)}{100} \quad 19)$$

An einem der Praxis entnommenen Beispiel soll die Anwendung dieser Formeln klargelegt werden.

Es wurden Tagebau-Braunkohlen aus dem Niederlausitzer Becken in einem Druckgenerator vergast und hierbei folgende Beobachtungen gemacht.

1. Zusammensetzung und Wärmewert des Brennstoffs.

Kohlenstoff . . . . . C . . . . . 21,69 %
Wasserstoff . . . . . H . . . . . 2,06 -
Schwefel . . . . . . S . . . . . 0,71 -
Wasser, hygroskopisch . H_2O . . . . 55,65 -
Rückstände . . . . . Rck . . . . 3,13 -
Sauerstoff und Stickstoff $O+N$ . . . 16,72 -
Heizwert . . . . 2078 W. E.

2. Zusammensetzung des Generatorgases.

Kohlensäure . . . . . CO_2 . . . . 4,1 %
Kohlenoxyd . . . . . CO . . . . 26,3 -
Methan . . . . CH_4 . . . . 2,5 -
Äthylene . . . . . . C_2H_4 . . . . 0,2 -
Wasserstoff . . . . . H . . . . . 9,4 -
Stickstoff . . . . . . N . . . . . 57,5 -
Flugruß-Kohlenstoffmenge
pro 1 cbm . . . . r . . . . . 0,0014 g.
Teerdämpfe wurden nicht nachgewiesen.

3. Kohlenstoffmenge in den Generator-Rückständen.

Gewogene Rückstandmenge . . . . 6,32 %
1 kg Rückstände enthält Kohlenstoff . . . 4,28 -
Kohlenstoffmenge v in Prozenten des ursprünglichen Brennstoffes $\frac{(6,32 \cdot 4,28)}{100}$ . . . . 0,27 -

Auf Grund dieser Beobachtungen läßt sich nun weiter berechnen:

Der Kohlenstoffgehalt C des Gases ergibt sich nach Formel 17)

$$C = \frac{(4,1 + 26,3 + 2,5 + 0,2) \cdot 0,5359}{100} + 0,0014$$

zu 0,1787 kg pro 1 cbm Gas.

Die pro 1 kg Brennstoff produzierte Gasmenge G stellt sich nach Formel 18) zu

$$\frac{\frac{21,69 - 0,27}{100}}{0,1787} = 1,2009 \text{ cbm.}$$

Das gesamt produzierte Gas hat weiter nach Formel 19) folgende Zusammensetzung:

$$\frac{1,2009 \cdot 4,1}{100} = 0,0492 \text{ cbm} = 4,1\,\% \text{ CO}_2$$

$$\frac{1,2009 \cdot 26,3}{100} = 0,3158 \text{ -} = 26,3 \text{ - CO}$$

$$\frac{1,2009 \cdot 2,5}{100} = 0,0300 \text{ -} = 2,5 \text{ - CH}_4$$

$$\frac{1,2009 \cdot 0,2}{100} = 0,0024 \text{ -} = 0,2 \text{ - C}_2\text{H}_4$$

$$\frac{1,2009 \cdot 9,4}{100} = 0,1128 \text{ -} = 9,4 \text{ - H}$$

$$\frac{1,2009 \cdot 57,5}{100} = 0,6907 \text{ -} = 56,9 \text{ - N}$$

zusammen 1,2009 cbm = 100,0 %.

7. Der Brennwert von Generatorgasen und die Berechnung des Nutzeffektes des Gaserzeugungsprozesses.

Aus der Tabelle Seite 22 sind die Brennwerte der einzelnen Gasbestandteile ersichtlich. Kennt man die Zusammensetzung eines Gases, so kann man neben der direkten experimentellen Ermittlung bequem den Heizwert als auch die Verbrennungswärme, bezogen auf 1 cbm, berechnen; unterHeizwert ist hier der auf dampfförmiges Wasser von 20° C. (Fall α), unter Verbrennungswärme der auf kondensiertes Wasser von 0° C. (Fall β) bezogene Wert gemeint.

Z. B. berechnet sich für das hier erörterte Braunkohlengeneratorgas Seite 25 der Heizwert und die Verbrennungswärme wie folgt:

		Fall α Heizwert	Fall β Verbrennungswärme
CO_2	=	0,00 W. E.	0,00 W. E.
CO	= $\frac{26,3 \cdot 3069}{100}$ = ...	807,14 -	807,14 -
CH_4	= $\frac{2,5 \cdot 8509}{100}$ und $\frac{2,5 \cdot 9596}{100}$ = . .	212,72 -	239,90 -
C_2H_4	= $\frac{0,2 \cdot 16922}{100}$ und $\frac{0,2 \cdot 17748}{100}$ = . .	33,84 -	35,49 -
H	= $\frac{9,4 \cdot 2579}{100}$ und $\frac{9,4 \cdot 3064}{100}$ = . .	242,42 -	288,01 -
N	=	0,00 -	0,00 -
	in Summa	1296 W. E.	1371 W. E.

Man kann, da der Heizwert des Brennstoffes und die aus demselben pro Brennstoffeinheit, dem Kilogramm, erzeugten Gasmengen sowie deren Brennwert aus der Analyse bekannt sind, leicht den Effekt der Umformung des Brennstoffes zu brennbarem Gas berechnen; für den hier angegebenen Fall erhält man:

Heizwert des Brennstoffs pro 1 kg . . . . 2078 W. E.
Gasmenge aus 1 kg Brennstoff . . . . 1,2009 cbm
Heizwert des Gases pro 1 cbm . . . . 1296 W. E.
Pro 1 kg Brennstoff in Gas umgesetzte Wärmemenge
(1,209 · 1296 W. E.) 1556
Nutzeffekt der Generatorgaserzeugung $\frac{1556 \cdot 100}{2078}$ . . . 74,88 %

Nun hat aber das Generatorgas immer eine beträchtliche Eigenwärme, das heißt, dasselbe ist wesentlich höher temperiert als die zum Vergasen benutzte atmosphärische Luft und der Brennstoff selbst.

Durch Messung wurde im hier angegebenen Versuch festgestellt, daß das Gas im Mittel mit 212° C. aus dem Reiniger des Generators trat.

Kennt man die Zusammensetzung und das Quantum des Gases, ferner seine Temperatur und die zugehörige spezifische Wärme seiner Gasbildner, so kann man aus dem Produkt Gasquantum multipliziert mit der Temperatur und der spezifischen Wärme das in Form von Eigenwärme vorhandene Quantum Wärme festlegen.

Unbekannt sind hier nur noch die spezifischen Wärmen der einzelnen Gasbestandteile und ihre Abhängigkeit von der Temperatur.

Mallard und le Chatelier haben für diese Funktion einige Formeln bekannt gegeben, welche es erlauben, diese Werte für die hier in Frage kommenden Gase nach entsprechender Umformung in einer Tabelle zusammenzustellen.

Bezeichnet man mit m das Molekulargewicht eines Gases, mit t die Temperatur desselben und mit cp endlich die spezifische Wärme bei konstantem Druck, so erhält man z. B. folgende Beziehungen:

$$m\, cp\, CO_2 = 8{,}26 + 0{,}012\, t - 0{,}00000236\, t^2,$$
$$m\, cp\, H_2O = 7{,}57 + 0{,}00656\, t$$

etc.

Auf Grund dieser Formeln sind die in der folgenden Tabelle enthaltenen Werte der spezifischen Wärmen für 1 kg Substanz und 1° C. als Funktion der Temperatur umgerechnet und in Figur 4 graphisch dargestellt.

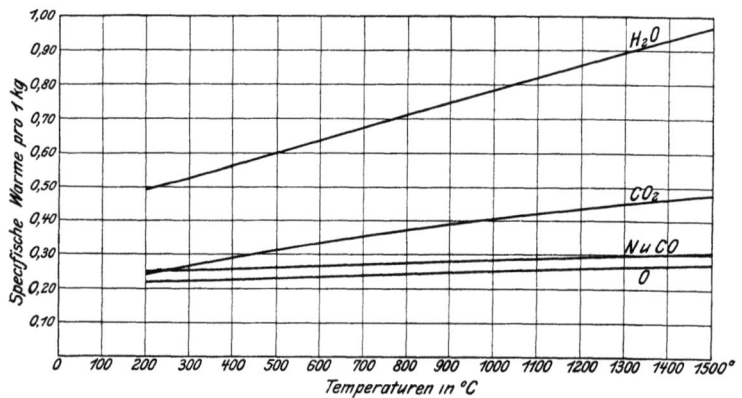

Fig. 4.

In diesen Werten ist die spezifische Wärme pro 1 kg Gas angegeben; es müssen also die Zusammensetzung und das Quantum aus Volum-Prozenten in Gewichts-Prozente übergeführt werden, um obige Tabellenwerte benutzen zu können:

Dieses Verfahren ist bei Bestimmung des Wärmewertes von Gasen wesentlich einfacher, weil das Gewicht eines Gases nicht wie das Volumen eine Funktion des Druckes und der Temperatur ist etc.

Zur Umformung kann man die in Tabelle Seite 22 angegebenen Zahlenwerte benutzen.

Spezifische Wärme von Gasen.

Temperatur °C.	CO$_2$	Differenz 1° C.	CO	CH$_4$	C$_2$H$_4$	H	N	O	H$_2$O
200	0,2401		0,2500	0,4399	0,2516	3,5000	0,2500	0,2187	0,4935
250	2525	0,00024	2521	4435	2537	5300	2521	2206	5117
300	2647	00024	2541	4471	2558	5600	2541	2225	5299
350	2766	00023	2562	4507	2579	5900	2562	2244	5481
400	2882	00023	2583	4543	2600	6200	2583	2263	5663
450	2995	00022	2604	4579	2621	6500	2604	2282	5845
500	0,3106	0,00022	0,2625	0,4615	0,2642	3,6800	0,2625	0,2301	0,6027
550	3216	00021	2646	4651	2663	7100	2646	2320	6210
600	3320	00021	2667	4687	2684	7400	2667	2339	6392
650	3423	00020	2688	4723	2705	7700	2688	2358	6574
700	3523	00020	2709	4795	2726	8000	2709	2377	6756
750	0,3621	0,00019	0,2730	0,4831	0,2747	3,8300	0,2730	0,2396	0,6938
800	3715	00018	2751	4867	2768	8600	2751	2415	7120
850	3807	00018	2772	4903	2789	8900	2772	2434	7302
900	3897	00017	2793	4939	2810	9200	2793	2453	7484
950	3984	00017	2814	4975	2831	9500	2814	2472	7666
1000	0,4068	0,00016	0,2835	0,5011	0,2852	3,9800	0,2835	0,2491	0,7848
1050	4149	00016	2856	5047	2873	4,0100	2856	2510	8030
1100	4228	00015	2877	5083	2894	0400	2877	2529	8212
1150	4304	00015	2898	5119	2915	0700	2898	2548	8394
1200	0,4377	0,00014	0,2919	0,5155	0,2936	4,1000	0,2919	0,2567	0,8576
Konstante Differenz pro 1° C.			0,000042	0,000072	0,000042	0,0006	0,000042	0,000038	0,00036

In dem hier vorliegenden Fall erhält man:

Volumen-Zusammensetzung				Gewichts-Zusammensetzung		
CO_2	0,0492 cbm	$= 0,0492 \cdot 1,9651$	$= 0,0967$ kg $=$	6,9 Gew.-Proz.	-	CO_2
CO	0,3158 -	$= 0,3158 \cdot 1,2505$	$= 0,3949$ - $=$	28,4	-	CO
CH_4	0,0300 -	$= 0,0300 \cdot 0,7150$	$= 0,0214$ - $=$	1,5	-	CH_4
C_2H_4	0,0024 -	$= 0,0024 \cdot 1,2517$	$= 0,0030$ - $=$	0,2	-	C_2H_4
H	0,1128 -	$= 0,1128 \cdot 0,0895$	$= 0,0101$ - $=$	0,7	-	H
N	0,6907 -	$= 0,6907 \cdot 1,2546$	$= 0,8665$ - $=$	62,3	-	N

zusammen 1,3926 kg = 100,0 Gew.-Proz.

Nunmehr läßt sich die Berechnung der Eigenwärme leicht vornehmen. Durch Interpolierung bestimmt man an der Hand der Tabelle der spezifischen Wärmen Seite 29 diese für eine Temperatur von 212° zu:

$$
\begin{aligned}
CO_2 &= 0{,}2429 \\
CO &= 0{,}2505 \\
CH_4 &= 0{,}4407 \\
C_2H_4 &= 0{,}2521 \\
H &= 3{,}5072 \\
N &= 0{,}2505
\end{aligned}
$$

Ferner erhält man für 1 kg Generatorgas:

$$
\begin{aligned}
CO_2 &= 6{,}9 \cdot 0{,}2429 = 1{,}6760 \\
CO &= 28{,}4 \cdot 0{,}2505 = 7{,}1142 \\
CH_4 &= 1{,}5 \cdot 0{,}4407 = 0{,}6610 \\
C_2H_4 &= 0{,}2 \cdot 0{,}2521 = 0{,}0504 \\
H &= 0{,}7 \cdot 3{,}5072 = 2{,}4550 \\
N &= 62{,}3 \cdot 0{,}2505 = 15{,}6061
\end{aligned}
$$

zusammen $\dfrac{27{,}5637}{100} = 0{,}2756$ W. E.

Da hier nun pro 1 kg Brennstoff 1,3926 kg Gas produziert wurden, welche eine Temperatur von 212° C. hatten, stellt sich die Eigenwärme dieser Menge zu

$$1{,}3926 \times 212 \times 0{,}2756 = 81{,}36 \text{ W. E.}$$

dar.

Die Wärmebilanz stellt sich nunmehr, wie folgt:

Heizwert des Brennstoffs pro 1 kg . . . . 2078 W. E.
Gasmenge pro 1 kg Brennstoff . . . . 1,3926 kg
Wärmemenge des aus 1 kg Brennstoff erzeugten Gases:
   a) Brennwert   1556 W. E.
   b) Eigenwärme   81 -
             zusammen . . . . 1637 W. E.
Nutzeffekt der Generatorgaserzeugung . . . . 78,7 %.

Ist die Vergasung eine unvollkommene, so können unter Umständen große Mengen von Entgasungsprodukten in Form kondensierbaren Teeres auftreten. Dieser schlägt sich in den Gaskanälen nieder und zwar an Orten, in welchen die dem Teer zugehörige Siedetemperatur nicht mehr vorherrscht. Man muß bei Durchführung von Wärmebilanzen hierauf natürlich Rücksicht nehmen, d. h. es muß die kondensierte Teermenge gewogen und deren Heizwert festgestellt werden; ein Annäherungswert für überschlägige Berechnungen ist $\sim$ 7800 W. E. Heizwert pro 1 kg Teersubstanz.

Man kann weiter eine Kontrolle der aus irgend einem Versuch abgeleiteten Wärmebilanz-Werte herbeiführen, wenn man die Wärme gebenden von den Wärme aufnehmenden Prozessen trennt und die diesen Reaktionen entsprechenden Zahlenwerte nach folgendem Schema zusammenstellt.

Der in der pro 1 kg Brennstoff produzierten Gasmenge enthaltene Kohlenstoffgehalt wird nach dem in Formel 19) angegebenen Verfahren berechnet für die vorhandenen CO_2-, CO-, CH_4 und C_2H_4-Mengen sowie durch Multiplikation mit den zugehörigen Bildungswärmen die Summe der W. E. der wärmegebenden Vorgänge bestimmt.

Ferner wird die Zersetzungswärme des Wassers bei der Wasserstoffbildung sowie die Verdampfungs- und Überhitzungswärme des hygroskopischen Wassers festgelegt und zu dem Wärmeverlust durch das Abschlacken des Generators und der Eigenwärme des Gases addiert. Die Summe dieser so ermittelten W. E. stellt den Wärmeaufwand der wärmeverzehrenden

Prozesse (d. h. der nicht in Form brennbaren Gases verwandten Wärmemenge) dar.

Bringt man nun diese beiden errechneten Wärmemengen in Beziehung zu dem Brennwert des aus 1 kg Brennstoff resultierenden Gases resp. zu diesem selbst, so erhält man bei richtigen Versuchs-Daten eine negative Differenz, welche man für die nicht direkt bestimmbare Leitungs- und Strahlungswärme des Generators ansprechen kann.

8. Die Luft- und Gasmengen bei der Verbrennung von Generatorgasen.

Die zur Verbrennung von Generatorgasen nötigen Luftmengen sowie die Art der resultierenden Verbrennungsprodukte lassen sich im Anschluß an die eingangs erwähnte Methode, wie folgt, bestimmen.

a) Verbrennungsluftmenge.

Kohlenstoff zu Kohlensäure. Gemäß der Ausführung auf Seite 6 Formel 5) und 6) erhielt man die nötige Verbrennungsluftmenge zu 11,496 kg entsprechend 8,904 cbm.

Kohlenoxyd zu Kohlensäure. Gemäß der Gleichung $CO + O = CO_2$ hat man 27,79 und 15,88 $= 1:0{,}571$; 0,571 kg Sauerstoff sind äquivalent 2,458 kg $=$ 1,900 cbm Luft.

Methan zu Kohlensäure und Wasser. Gemäß der Gleichung $CH_4 + 2\,O_2 = CO_2$ und $2\,H_2O$ hat man 15,91 und 63,52 $= 1:3{,}992$; 3,992 kg Sauerstoff sind äquivalent 17,215 kg $=$ 13,333 cbm Luft.

Äthylen zu Kohlensäure und Wasser. Gemäß der Gleichung $C_2H_4 + 3\,O_2 = 2\,CO_2 + 2\,H_2O$ hat man 27,82 und 95,28 $= 1:3{,}424$; 3,424 kg Sauerstoff sind äquivalent 14,739 $=$ 11,394 cbm.

Wasserstoff zu Wasser. Gemäß der Gleichung $H_2 + O = H_2O$ hat man 2,00 und 15,88 $= 1:7{,}940$; 7,940 kg Sauerstoff sind äquivalent 34,238 kg $=$ 26,517 cbm Luft.

Hat man ein Generatorgas, welches seiner Zusammensetzung nach in Gewichtsprozenten vorliegt, so erhält man das zur vollständigen Verbrennung zu Kohlensäure und Wasserdampf theoretisch notwendige Luftquantum in kg L_k zu

$$L_k = \frac{2{,}458\ CO + 17{,}215\ CH_4 + 14{,}739\ C_2H_4 + 34{,}238\ H}{100} \qquad . \ 20)$$

und in cbm L_v zu

$$L_v = \frac{1{,}900\ CO + 13{,}333\ CH_4 + 11{,}394\ C_2H_4 + 26{,}517\ H}{100} \qquad . \ 21)$$

b) Verbrennungsproduktmenge.

Die Verbrennungsgasmenge erhält man, wie a. a. O. nachgewiesen, in kg, wenn man zur berechneten Luftmenge 1 hinzufügt, da es sich ja immer um die Produkte der Verbrennung von 1 kg Substanz handelt.

Man erhält demnach für

$$\begin{aligned}
C + O_2 &= CO_2 &&= 12{,}496 \text{ kg} \\
CO + O &= CO_2 &&= 3{,}458 \text{ -} \\
CH_4 + 2\,O_2 &= CO_2 + 2\,H_2O &&= 18{,}215 \text{ -} \\
C_2H_4 + 3\,O_2 &= 2\,CO_2 + 2\,H_2O &&= 15{,}739 \text{ -} \\
H_2 + O &= H_2O &&= 35{,}238 \text{ -.}
\end{aligned}$$

Will man die Verbrennungsgasmenge in cbm haben, so müssen die etwa eintretenden Volumkontraktionen in Rechnung gesetzt werden.

Man erhält dann:

$$\begin{aligned}
C + O_2 &= CO_2 &&= 8{,}904 \text{ cbm} \\
CO + O &= CO_2 &&= 1{,}801 \text{ -} \\
CH_4 + 2\,O_2 &= CO_2 + 2\,H_2O &&= 16{,}125 \text{ -} \\
C_2H_4 + 3\,O_2 &= 2\,CO_2 + 2\,H_2O &&= 13{,}789 \text{ -} \\
H_2 + O &= H_2O &&= 32{,}074 \text{ -.}
\end{aligned}$$

Hat man also ein Generatorgas, welches seiner Zusammensetzung nach in Gewichtsprozenten vorliegt, so erhält man die bei Verbrennung mit dem theoretischen Luftquantum sich bildende Gasmenge in kg Vg_k zu

Fuchs.

$$Vg_k = \frac{3{,}458\ CO + 18{,}215\ CH_4 + 15{,}739\ C_2H_4 +}{100}$$
$$\frac{35{,}238\ H + CO_2 + O + H_2O + N}{100} \bigg\} \cdot 22)$$

und in cbm Vg_v zu

$$Vg_v = \frac{1{,}801\ CO + 16{,}125\ CH_4 + 13{,}789\ C_2H_4 + 32{,}074\ H +}{100}$$
$$\frac{0{,}508\ CO_2 + 0{,}699\ O + 1{,}242\ H_2O + 0{,}797\ N}{100} \bigg\} \cdot 23)$$

Die Zahlenwerte bei CO_2, O, H_2O, N, in Formel 23) sind die Volumen von je 1 kg dieser Substanzen.

Ein Beispiel soll die Anwendung dieser Formeln dartun.

Das aus Braunkohlen-Briketts eines Versuchs stammende Gas hatte, in Gewichtsprozenten ausgedrückt, folgende Zusammensetzung:

CO_2 . . . 6,2 Gew.-Proz.
CO . . . . 29,4 -
CH_4 . . . 1,7 -
C_2H_4 . . . 0,3 -
H . . . . 1,8 -
N . . . . 59,7 -
H_2O . . . 0,8 -
O . . . . 0,1 -

Das zur Verbrennung mit theoretischer Luftmenge nötige Quantum berechnet sich nach Formel 20) in kg zu

$$\frac{2{,}458 \cdot 29{,}4 + 17{,}215 \cdot 1{,}7 + 14{,}739 \cdot 0{,}3 + 34{,}238 \cdot 1{,}8}{100}$$

1,676 kg pro 1 kg Generatorgas oder nach Formel 21) in cbm zu

$$\frac{1{,}900 \cdot 29{,}4 + 13{,}333 \cdot 1{,}7 + 11{,}394 \cdot 0{,}3 + 26{,}517 \cdot 1{,}8}{100}$$

1,297 cbm pro 1 kg Generatorgas.

Das hieraus stammende Verbrennungsgas beträgt weiter nach Formel 22) in kg ausgedrückt:

$$\frac{3{,}458 \cdot 29{,}4 + 18{,}215 \cdot 1{,}7 + 15{,}739 \cdot 0{,}3 + 35{,}238 \cdot 1{,}8 +}{100}$$

$$\frac{6{,}2 + 0{,}1 + 0{,}8 + 59{,}7}{100}$$

2,676 kg pro 1 kg Generatorgas oder nach Formel 23) in cbm

$$\frac{1{,}801 \cdot 29{,}4 + 16{,}125 \cdot 1{,}7 + 13{,}789 \cdot 0{,}3 + 32{,}074 \cdot 1{,}8 +}{100}$$

$$\frac{0{,}508 \cdot 6{,}2 + 0{,}699 \cdot 0{,}1 + 1{,}242 \cdot 0{,}8 + 0{,}797 \cdot 59{,}7}{100}$$

1,860 cbm.

9. Die Zusammensetzung der Verbrennungsgasmenge unter Berücksichtigung des Luftüberschusses.

Die aus den Formeln 20) bis 23) abgeleiteten Luft- resp. Gasmengen stellen die theoretisch notwendigen Quanten dar. Nun wird aber jeder Verbrennungsprozeß mit mehr oder minder hiervon abweichenden Mengen durchgeführt, wobei dann sowohl die zur Verbrennung zugeführte Luftmenge als auch das Verbrennungsprodukt zu größeren Mengen anwachsen; dasjenige Quantum Luft nun, welches überschüssig verwandt ist, wird als Luftüberschuß Lu_v in Vielfache der theoretisch notwendigen Menge angegeben.

Die Erkenntnis dieser Mengen ist sowohl zur Kontrolle als auch bei der Durchführung von Berechnungen der Wärmebilanzen von Untersuchungen notwendig.

Der Luftüberschuß läßt sich aus der Zusammensetzung des resultierenden Verbrennungsgases ableiten; die eigentlichen Verbrennungsgasbildner Kohlenstoff und Wasserstoff oxydieren bei vollkommener Verbrennung zu Kohlensäure und Wasserdampf, während der Stickstoff, der Sauerstoff und das hygroskopische Wasser in ihrer ursprünglichen Form in den Verbrennungsgasen vorhanden sind. Da nun der Wasserdampf bei den Temperaturen, unter welchen die Verbrennungsgase analysiert werden, kondensiert, und da ferner der Stickstoff seiner äußerst geringen chemischen Affinität wegen laufend direkt nicht bestimmt werden kann, muß man von einer vollständigen Analyse absehen und ermittelt deshalb die resultierende Kohlensäure oder den freien und infolgedessen überschüssigen Sauerstoff.

Zur Ableitung des Luftüberschußkoeffizienten Lu_v aus dem CO_2-Gehalt der Verbrennungsgase ist es nötig, die Zusammensetzung des zu verbrennenden Generatorgases oder Brennstoffes bei direkter Verbrennung desselben zu wissen; man bildet sich hieraus denjenigen maximalen Kohlensäuregehalt CO_2 max, welcher bei der Oxydierung mit der theoretischen Luftmenge resultieren würde; der Luftüberschuß ist dann einfach

$$Lu_v = \frac{CO_2 \text{ max}}{CO_{2\,vb}}, \quad \dots \dots \quad 24)$$

wenn mit $CO_{2\,vb}$ der in den Verbrennungsgasen tatsächlich gefundene Kohlensäuregehalt dargestellt wird.

Bestimmt man den freien Sauerstoff in den Verbrennungsgasen, so erhält man ohne Erkenntnis der Zusammensetzung des Generatorgases etc. mit gleicher Genauigkeit den Luftüberschußkoeffizienten aus dem Ansatz

$$Lu_v = \frac{20{,}96}{20{,}96 - O_{vb}}, \quad \dots \dots \quad 25)$$

in welchem 20,96 das in 100 Teilen Luft enthaltene freie Sauerstoffvolumen und O_{vb} den in Verbrennungsgasen vorhandenen freien Sauerstoff darstellt.

Die oft angewandte Formel

$$Lu_v = \frac{20{,}96}{20{,}96 - (79{,}04 \cdot O_{vb} : N)}, \quad \dots \quad 26)$$

in welcher 20,96 Volumprozente Luftsauerstoff, 79,04 Luftstickstoff, O_{vb} der gefundene freie Sauerstoff in den Verbrennungsgasen und N die Differenz: $100 - CO_2 + O_{vb}$ bedeutet, erfordert ebensowohl die Bestimmung des Kohlensäure- als auch des Sauerstoffgehaltes. Zudem ist diese Annäherungsformel die ungenaueste, weil die mit N bezeichnete Differenz nicht nur Stickstoff, sondern auch den Wasserdampf mit einbegreift; man müßte also schreiben

Der Luftüberschuß. 37

$$Lu_v = \frac{20{,}96}{20{,}96 - (79{,}04 \cdot O_{vb} : [79{,}04 - H_2O])} \quad . \quad . \quad 27)$$

Die folgende Tabelle und Figur 5 zeigen direkt den Zusammenhang zwischen dem freien Sauerstoff in Verbrennungsgasen und dem Luftüberschuß.

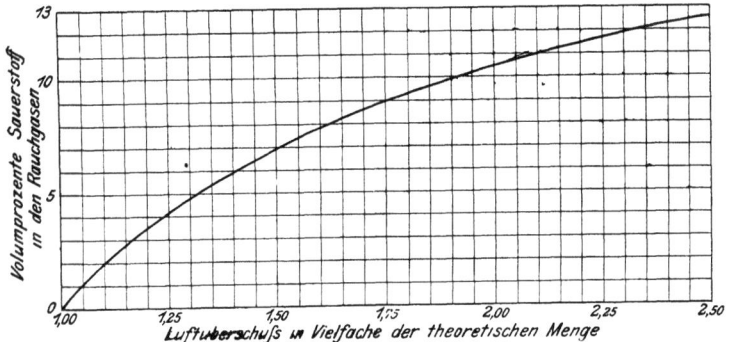

Fig. 5.

Vielfache der theoretischen Luftmenge	Vol.-Proz. Sauerstoff in den Verbrennungsgasen	Vielfache der theoretischen Luftmenge	Vol.-Proz. Sauerstoff in den Verbrennungsgasen
1,00	0,000	1,80	9,316
1,05	0,999	1,85	9,631
1,10	1,906	1,90	9,929
1,15	2,734	1,95	10,212
1,20	3,494	2,00	10,480
1,25	4,192	2,05	10,736
1,30	4,837	2,10	10,980
1,35	5,435	2,15	11,212
1,40	5,989	2,20	11,433
1,45	6,505	2,25	11,645
1,50	6,987	2,30	11,847
1,55	7,434	2,35	12,041
1,60	7,860	2,40	12,227
1,65	8,254	2,45	12,405
1,70	8,631	2,50	12,570
1,75	8,983		

Die Verbrennungsgase, herrührend aus dem Generatorgas des auf Seite 34 angeführten Versuchs, hatten am Auspuff eines Gasmotors 8,27 % freien Sauerstoff im Mittel; diese entsprechen mithin einem Luftüberschuß von $20,96/20,96 - 8,27 =$ 1,65 facher Menge. Da nun theoretisch pro 1 kg Generatorgas 1,676 kg Luft erforderlich sind, hätte man hier $1,676 \cdot 1,65 = 2,765$ kg Luft tatsächlich zur Verbrennung benutzt; da ferner pro 1 kg Generatorgas, verbrannt mit der theoretischen Luftmenge, 2,676 kg Verbrennungsprodukte resultieren, hätte man hier tatsächlich $2,676 + (2,765 - 1,676) = 3,765$ kg Verbrennungsprodukte pro 1 kg Generatorgas gehabt.

Wichtig ist nun für gewisse Rechnungen die Erkenntnis der Zusammensetzung des Verbrennungsproduktes nach der Ermittlung des effektiven Quantums.

Zur Ableitung dieser Zahlen kombiniert man die Berechnung der Verbrennungsgasmengen nach folgendem Schema:

Zuerst bestimmt man die Zusammensetzung der Gasgemische, welche resultieren, wenn Kohlenstoff zu Kohlensäure, Kohlenoxyd zu Kohlensäure, Methan zu Kohlensäure und Wasser etc. verbrannt wird, nach den auf Seite 33 angegebenen Verfahren. Diese Werte sind, da hier nur die Berechnung der Gasgemische in Gewichts-Prozent und die Verwendung von Luft als Sauerstoffträger in Frage kommen kann, folgende:

Reaktion	Zusammensetzung des Gasgemisches in Gew.-Proz.		
	CO_2	H_2O	N
$C + O_2 = CO_2$	29,32	0,00	70,68
$CO + O = CO_2$	16,52	0,00	83,48
$CH_4 + 2\,O_2 = CO_2 + 2\,H_2O$	15,55	6,37	78,08
$C_2H_4 + 3\,O_2 = 2\,CO_2 + 2\,H_2O$	15,59	6,39	78,02
$H_2 + O = H_2O$	0,00	11,43	88,57

An der Hand der Berechnung der Verbrennungsgasmenge Seite 34 wird nunmehr die Zusammensetzung mit Hilfe der soeben angegebenen konstanten Faktoren, wie folgt, durchgeführt.

Zusammensetzung des zu verbrennenden Generatorgases.

$$\begin{aligned}
\text{Kohlensäure} \quad CO_2 &= 6{,}2 \text{ Gew.-Proz.} \\
\text{Kohlenoxyd} \quad CO &= 29{,}4 \quad - \\
\text{Methan} \quad CH_4 &= 1{,}7 \quad - \\
\text{Äthylen} \quad C_2H_4 &= 0{,}3 \quad - \\
\text{Wasserstoff} \quad H &= 1{,}8 \quad - \\
\text{Stickstoff} \quad N &= 59{,}7 \quad - \\
\text{Wasser} \quad H_2O &= 0{,}8 \quad - \\
\text{Sauerstoff} \quad O &= 0{,}1 \quad -
\end{aligned}$$

Nach Formel 22) resultiert bei der Verbrennung mit der theoretischen Luftmenge 2,676 kg Verbrennungsgas folgender Zusammensetzung:

Reaktion	Rechnungsgang	Gaszusammensetzung			
		CO_2	H_2O	N	O
$C + O_2 = CO_2 =$	$\dfrac{6{,}2}{100} =$	0,0620	—	—	—
$CO + O = CO_2 =$	$\dfrac{3{,}458 \cdot 29{,}4}{100} = 1{,}0166 \text{ kg Gas} =$ $\dfrac{16{,}52^1) \cdot 1{,}0166}{100} CO_2 =$	0,1679	—	0,8487	—
$CH_4 + 2\,O_2 =$ $CO_2 + 2\,H_2O =$	$\dfrac{18{,}215 \cdot 1{,}7}{100} = 0{,}3096 \text{ kg Gas} =$ $\left.\begin{array}{c} \dfrac{15{,}55 \cdot 0{,}3096}{100} CO_2 \\ \text{und} \\ \dfrac{6{,}37 \cdot 0{,}3096}{100} H_2O \end{array}\right\} =$	0,0481	0,0247	0,2368	—
$C_2H_4 + 3\,O_2 =$ $2\,CO_2 + 3\,H_2O =$	$\dfrac{15{,}739 \cdot 0{,}3}{100} = 0{,}0472 \text{ kg Gas} =$ $\left.\begin{array}{c} \dfrac{15{,}59 \cdot 0{,}0472}{100} CO_2 \\ \text{und} \\ \dfrac{6{,}39 \cdot 0{,}0472}{100} H_2O \end{array}\right\} =$	0,0073	0,0030	0,0369	—

[1]) Die gesamt resultierende Gasmenge beträgt 1,0166 kg; nach Tafel auf Seite 38 besteht das Gas aus 16,52 Gew.-Proz. CO_2 und 83,48 % N; man hat also in den 1,0166 kg Verbrennungsgas $\dfrac{16{,}52 \cdot 1{,}0166}{100}$ kg CO_2 und 1,0166 minus CO_2 = Stickstoff.

Reaktion	Rechnungsgang	Gaszusammensetzung			
		CO_2	H_2O	N	O
$H_2 + O = H_2O =$	$\dfrac{35{,}238 \cdot 1{,}8}{100} = 0{,}6342$ kg Gas =				
	$\dfrac{11{,}43 \cdot 0{,}6342}{100} H_2O =$	—	0,0724	0,5618	—
O =	$\dfrac{0{,}1}{100} =$	—	—	—	0,0010
$H_2O =$	$\dfrac{0{,}8}{100} =$	—	0,0080	—	—
N =	$\dfrac{59{,}7}{100} =$	—	—	0,5970	

Hierzu kommen noch, da das Generatorgas nicht mit theoretischer, sondern mit 1,65 facher größerer Luftmenge verbrannt wurde, (2,765—1,676) = 1,089 kg atmosphärische Luft, bestehend aus 0,253 kg Sauerstoff und 0,836 kg Stickstoff.

Addiert man die einzelnen Substanzmengen zusammen, so erhält man (abgerundet):

```
Kohlensäure = 0,286 kg =   7,3 Gew.-Proz.
Sauerstoff  = 0,260 -  =   6,9   -
Wasserdampf = 0,108 -  =   2,8   -
Stickstoff  = 3,111 -  =  83,0   -
  zusammen:   3,765 kg = 100,0 Gew.-Proz.
```

Nach dem auf Seite 30 angegebenen Verfahren könnte man nunmehr, da Menge und Zusammensetzung bekannt sind, nach Feststellung der Austrittstemperatur der Verbrennungsgase bequem den Wärmewert derselben ermitteln und für Wärme Bilanzen in Ansatz bringen.

B. Wärmeerzeugung durch direkte Verbrennung.

Die Art der Wärmeerzeugung, bei welcher der Brennstoff direkt zu den Endprodukten der Oxydation, Kohlensäure und Wasserdampf, übergeführt wird, ist die in den Dampferzeugungsbetrieben am meisten zur Anwendung kommende. Während man im ersten Fall die Wärmeentbindungsorte, die Generatoren, von den Verbrennungsorten, z. B. einem Gasmotor, räumlich getrennt fand, hat man in der direkten Feuerungsanlage Wärmeentbindung, Verbrennung und Wärmeaufnahme, z. B. durch eine Dampfkessel-Heizfläche, beisammen und laufen die einzelnen Phasen des Prozesses nicht getrennt, sondern gehen nebeneinander her. Die hierzu gehörigen Reaktionen sind in den Abschnitten No. 10 bis 12 angeführt.

10. Der direkte Verbrennungsprozeß und die hierzu nötige Luftmenge.

Wie im ersten Fall gibt auch hier der in der atmosphärischen Luft vorhandene Sauerstoff das Oxydationsmittel ab; als wärmegebende Substanzen der Brennstoffe kommen in Betracht:

	Verbrennungswärme pro 1 kg
der Kohlenstoff C	8080 W. E.
der Wasserstoff H	34220 -
der verbrennliche Anteil des Schwefels S . .	2230 - ;

jedoch kommt nur jener Anteil von Wasserstoff zur Wärmeentwicklung in Frage, welcher nach Bindung sämtlichen Sauerstoffs gemäß der Zusammensetzung des Wassers (H_2O) als Reaktionsprodukt verbleibt und als disponibler Wasserstoff $\left(H - \dfrac{O}{7{,}94} \text{ oder abgerundet } H - \dfrac{O}{8}\right)$ in Rechnung gesetzt wird.

Wie schon auf Seite 14 erwähnt, kann der aus der Verbrennung des Wasserstoffs resultierende Wasserdampf nun entweder zu flüssigem Wasser kondensieren oder dampfförmig verbleiben. Beim Kondensieren jedoch gibt derselbe bekanntlich seine latente Verdampfungswärme mit ab, während im dampfförmigen Zustand letztere gebunden bleibt.

Man erhält dann die in Tabelle auf Seite 22 angegebenen Werte für den Wasserstoff zu 34220 und 28800 W. E.

Sämtliche Heizwertbestimmungen werden nur unter Verhältnissen ausgeführt, bei welchen der aus der Verbrennung resultierende Wasserdampf zu flüssigem Wasser kondensiert wird. Da nun aber der Wasserdampf in den Feuerungsanlagen gasförmig entweicht, gibt man analog diesem Vorgang den Heizwert eines Brennstoffes nicht mit Bezug auf flüssiges, sondern auf dampfförmiges Wasser an und zwar setzt man für die Verdampfungswärme pro 1 kg H_2O als Mittelwert 600 W. E.

Demgemäß berechnet sich aus den einzelnen Komponenten eines Brennstoffs sein Heizwert nach der Formel

$$\frac{8080\, C + 28800\left(H - \frac{O}{8}\right) + 2230\, S - 600\, H_2O}{100} \qquad .\ .\ 28)$$

wenn mit H_2O das hygroskopische Wasser des Brennstoffes bezeichnet wird. Es ist nun bis heute noch nicht gelungen, eine allgemein gültige Formel zur Berechnung des Brennwertes aufzustellen; dieselbe bleibt weiter nichts als eine Annäherung. Die Ursachen hierfür sind zu suchen in der unbekannten Struktur des Moleküls der einen Brennstoff bildenden Substanzen; z. B. fand Berthelot für die allotropen Modifikationen des Kohlenstoffs folgende Werte: Diamant 7859 W. E., Graphit 7901 W. E., Holzkohle 8137 W. E.

Für einen Brennstoff folgender Zusammensetzung:

Kohlenstoff C . . . . 74,86 %
Wasserstoff H . . . . 4,29 -
Schwefel S . . . . 1,28 -
Hygroskopisches Wasser H_2O . . . 2,43 -
Rückstände Rck . . . . 6,12 -
Sauerstoff und Stickstoff $O + N$ . . 11,02 -

berechnet sich, wenn man für $N = 1,00\,\%$ einsetzt, der Brennwert gemäß Formel 28) zu

$$\frac{8080 \cdot 74,86 + 28800 \cdot (4,29 - 1,25) + 2230 \cdot 1,28 - 600 \cdot 2,43}{100}$$

6938 W. E., während kalorimetrisch 7024 W. E. ermittelt wurden.

Neben der Auswertung des Wärmewertes eines Brennstoffes in W. E. gibt man auch als Wertziffer die Anzahl der pro 1 kg desselben verdampften Wassermenge an.

Man bezieht diese Zahl auf einheitliche Bedingungen, und zwar nimmt man die Temperatur des Wassers zu 0° C. und die Wärmemenge des erzeugten Dampfes entsprechend der Spannung von 1 kg pro qcm Überdruck zu 636,72 W. E. an. Diese Verhältnisse trifft man natürlich in den Betrieben nie an und muß deshalb ein erhaltenes Resultat auf die soeben erwähnten Normalbedingungen umgerechnet werden.

Bezeichnet man mit V_B die erhaltene Betriebsverdampfungsziffer (Kilogramm Wasser pro 1 kg Brennstoff), mit V_C die korrigierte Verdampfungsziffer, mit Fl_W die Flüssigkeitswärme des zugeführten Speisewassers pro Kilogramm, mit q die Gesamtwärme des Betriebsdampfes pro Kilogramm und mit 636,72 die totale Erzeugungswärme des normalen Dampfes, so erhält man die korrigierte Verdampfungsziffer nach Formel 29) zu

$$V_C = \frac{V_B \cdot (q - Fl_W)}{636,72} \quad \ldots \ldots \quad 29)$$

Hat man z. B. $V_B = 7,83$ kg, $q = 661,060$ W. E., entsprechend Dampf von 10 kg pro Quadratzentimeter absolut, $Fl_W = 80,34$ W. E., so erhält man

$$V_C = \frac{7,83 \cdot (661,060 - 80,34)}{636,72}$$

zu 7,14 kg.

Bei der vollkommenen Verbrennung der wärmegebenden Substanzen, Kohlenstoff, Wasserstoff und Schwefel, bilden sich Kohlensäure, CO_2, Wasser, H_2O, und Schwefeldioxyd, SO_2; die Luftmengen, welche zu diesen Prozessen nötig sind, berechnen sich, wie folgt:

$$C + O_2 = CO_2;$$

gemäß Formel 5) und 6) auf Seite 6 werden benötigt 11,496 kg entsprechend 8,904 cbm Luft.

$$H_2 + O = H_2O;$$

gemäß Formel 20) und 21) auf Seite 33 werden benötigt 34,238 kg entsprechend 26,517 cbm Luft.

Nimmt man an, daß der Schwefel in den Brennstoffen als Schwefelkies vorhanden ist und daß sich gemäß der Gleichung

$$2\,FeS_2 + 11\,O = Fe_2O_3 + 4\,SO_2$$

Eisenoxyd und Schwefeldioxyd bilden, so erhält man die zum Oxydieren notwendige Luftmenge zu 5,927 kg Luft = 4,582 cbm Luft, welche 6,552 kg = 4,328 cbm Verbrennungsgase bilden. Bei der Unsicherheit der Methoden zur Bestimmung des Verbleibs des Schwefels und seines Begleiters Eisen ist die für S in Rechnung zu setzende Luftmenge bei den angeführten Beispielen außer acht gelassen, zumal dadurch das Resultat nur um ganz geringe Werte verändert wird, welche viel kleiner sind als die in Summa auftretenden Beobachtungsfehler irgend eines Versuchs, und das gebildete Schwefeldioxyd mit der Kohlensäure meist zusammen bestimmt wird.

Man erhält mithin den Luftbedarf in kg L_k und cbm L_v, wenn die Zusammensetzung des Brennmaterials in Gewichtsprozenten bekannt ist, für 1 kg Brennstoff zu

$$L_k = \frac{11{,}496\,C + 34{,}238\left(H - \dfrac{O}{8}\right) + 5{,}927\,S}{100} \quad .\ 30)$$

$$L_v = \frac{8{,}904\,C + 26{,}517\left(H - \dfrac{O}{8}\right) + 4{,}528\,S}{100} \quad .\ 31)$$

11. Die Zusammensetzung und Menge der Verbrennungsprodukte unter Berücksichtigung des Luftüberschusses.

Die Verbrennungsgasmenge erhält man, wie a. a. O. nachgewiesen, in kg, wenn man zur berechneten Luftmenge 1 hinzufügt, da es sich ja immer um die Produkte der Verbrennung von 1 kg Substanz handelt; man erhält demnach für

$$\begin{aligned}
C + O_2 &= CO_2 &&= 12{,}496\ \text{kg}\\
H_2 + O &= H_2O &&= 35{,}238\ \text{-}\\
S\ \text{zu}\ SO_2 &&&= 6{,}522\ \text{-}\ .
\end{aligned}$$

Verbrennungsprodukte direkter Verbrennung.

Will man die Verbrennungsgasmenge in cbm haben, so müssen die etwa eintretenden Volumkontraktionen in Rechnung gesetzt werden; hierbei resultieren für

$$C + O_2 = CO_2 \quad = \quad 8{,}904 \text{ cbm}$$
$$H_2 + O = H_2O \quad = \quad 32{,}074 \text{ -}$$
$$S \text{ zu } SO_2 \quad\quad = \quad 4{,}328 \text{ -}$$

Man erhält mithin die Verbrennungsgasmenge in kg Vg_k und cbm Vg_v, wenn die Zusammensetzung des Brennmaterials in Gewichtsprozenten angegeben ist, für 1 kg Brennstoff zu

$$Vg_k = \frac{12{,}496\,C + 35{,}238\left(H - \frac{O}{8}\right) + 6{,}522\,S + H_2O + N}{100} \quad \ldots \text{32)}$$

$$Vg_v = \frac{8{,}904\,C + 32{,}074\left(H - \frac{O}{8}\right) + 4{,}328\,S + 1{,}242\,H_2O + 0{,}797\,N}{100} \quad \text{33)}$$

Die Zahlenwerte bei $H_2O + N$ in Formel 33) sind wieder die Volumina pro 1 kg dieser Substanzen.

Hat man Kohlenstoffverluste in Form von Unverbranntem der Rückstände oder Ruß in den Verbrennungsgasen, so müssen diese analog den Ausführungen auf Seite 24 vom ursprünglichen Kohlenstoff des Brennstoffes in Abzug gebracht werden.

Da es unmöglich ist, einen Brennstoff mit der theoretischen Menge Luft zu verbrennen, kommt hier noch die überschüssig angewandte Menge Luft (Seite 35) in Betracht.

Nach Formel 30), 31), 32) und 33) erhält man für den vor kurzem angezogenen Brennstoff folgende Werte.

Zusammensetzung des Brennstoffes	Gew.-Proz.
C	74,86
H	4,29
S	1,28
H_2O	2,43
Rck	6,12
O + N	11,02

Unter Vernachlässigung des Schwefels und unter der Annahme, daß der Stickstoff im Brennstoff 1,00 % betrage, erhält man die zur vollständigen Verbrennung nötige Luftmenge nach Formel 30) in kg zu

$$L_k = \frac{11{,}496 \cdot 74{,}86 + 34{,}238 \cdot 3{,}04}{100} = 9{,}6467 \text{ kg},$$

desgleichen nach Formel 31) in cbm zu

$$L_v = \frac{8{,}904 \cdot 74{,}86 + 26{,}517 \cdot 3{,}04}{100} = 7{,}4716 \text{ cbm};$$

die hierbei resultierende Verbrennungsgasmenge erhält man weiter nach Formel 32) in kg zu

$$Vg_k = \frac{12{,}496 \cdot 74{,}86 + 35{,}238 \cdot 3{,}04 + 2{,}43 + 1{,}00}{100} = 10{,}4600 \text{ kg},$$

und nach Formel 33) in cbm zu

$$Vg_v = \frac{8{,}904 \cdot 74{,}86 + 32{,}074 \cdot 3{,}04 + 1{,}242 \cdot 2{,}43 + 0{,}797 \cdot 1{,}00}{100} = 7{,}6706 \text{ cbm}.$$

Der Luftüberschuß, mit dem der Brennstoff oxydiert wurde, betrage die 1,50 fache Menge vom theoretisch notwendigen Quantum.

Zusammengezogen erhält man dann:

Theoretisch notwendige Luftmenge	9,6467 kg	7,4716 cbm
Tatsächlich verwandte Luftmenge	14,4700 -	11,2074 -
Theoretisch resultierendes Verbrennungsgas	10,4600 -	7,6706 -
Tatsächlich resultierendes Verbrennungsgas	15,2833 -[1]	11,4064 -[2]
An Luft sind im Verbrennungsgas enthalten	4,8233 -	3,7358 -
welche besteht aus Sauerstoff zu	1,1185 -	0,7830 -
und Stickstoff zu	3,7048 -	2,9528 -

Das Verbrennungsgas als Wärmeträger muß nun, wie im ersten Abschnitt klargelegt wurde, in seiner Zusammensetzung bekannt sein, wenn man mit demselben thermische Berechnungen durchführen will.

---

[1] 14,4700 + (10,4600 − 9,6467) = 15,2833.
[2] 11,2074 + (7,6706 − 7,4716) = 11,4064.

Zusammensetzung der Produkte direkter Verbrennung. 47

Unter Anlehnung an die Tabelle auf Seite 38 und an das Beispiel auf Seite 39 läßt sich die Zusammensetzung des tatsächlich resultierenden Verbrennungsgasgemisches in kg, wie folgt, berechnen:

Reaktion	Rechnungsgang	Gaszusammensetzung			
		CO_2	H_2O	N	O
$C + O = CO_2$	$\frac{12{,}496 \cdot 74{,}86}{100} = 9{,}3545$ kg Vg_k	2,6697	—	6,6848	— kg
$H_2 + O = H_2O$	$\frac{35{,}238 \cdot 3{,}04}{100} = 1{,}0712$ kg Vg_k	—	0,1224	0,9488	— -
H_2O	$\frac{2{,}43}{100} = 0{,}0243$ kg H_2O	—	0,0243	—	— -
N	$\frac{1{,}00}{100} = 0{,}0100$ kg N	—	—	0,0100	— -
N	$3{,}7048 = 3{,}7048$ kg N	—	—	3,7048	— -
O	$1{,}1185 = 1{,}1185$ kg O	—	—	—	1,1185 -
	zusammen	2,6697	0,1467	11,3484	1,1185 kg

Zusammengefaßt hat man demnach:

Kohlensäure . . 2,6697 kg = 17,4 Gew.-Proz. CO_2
Wasserdampf . . 0,1467 -   = 0,9   - H_2O
Stickstoff . . . 11,3484 - = 74,2   -   N
Sauerstoff . . . 1,1185 -   = 7,5   -   O
zusammen 15,2833 kg = 100,0 Gew.-Proz.

Hat nun weiter dieses Verbrennungsgas eine Temperatur von beispielsweise 1150⁰ C. am Verwendungsort, so kann man die Wärmemenge in 1 kg Verbrennungsgas oder aber auch in der aus 1 kg Brennstoff erzeugten Gasmenge leicht berechnen und zwar unter Benutzung der Tabelle der spezifischen Wärmen von Gasen auf Seite 29 und unter Anlehnung an das Beispiel auf Seite 30. Man trägt zu diesem Zweck die spezifischen

Wärmen der Gasbildner pro 1 kg bei 1150° auf; hierbei wird erhalten:

$$\begin{aligned}
\text{Spez. Wärme bei 1150 für } CO_2 &= 0{,}4304 \\
\text{desgl.} \quad H_2O &= 0{,}8394 \\
\text{desgl.} \quad N &= 0{,}2898 \\
\text{desgl.} \quad O &= 0{,}2548
\end{aligned}$$

die mittlere spezifische Wärme des Gases bei 1150° C. und oben angegebener Zusammensetzung erhält man weiter zu

$$\begin{aligned}
CO_2 &= 17{,}4 \cdot 0{,}4304 = 7{,}4889 \\
H_2O &= 0{,}9 \cdot 0{,}8394 = 0{,}7554 \\
N &= 74{,}2 \cdot 0{,}2898 = 21{,}5031 \\
O &= 7{,}5 \cdot 0{,}2548 = 1{,}9110 \\
\text{zusammen} &= \frac{31{,}6584}{100} = 0{,}3166
\end{aligned}$$

1 kg Gas hat demnach einen Wärmeinhalt von $1150 \cdot 0{,}3166 = 364{,}09$ W. E.; da hier pro 1 kg Brennstoff 15,2833 kg Gas tatsächlich erzeugt wurden, hat man das in Gas umgesetzte Wärmequantum des Brennstoffs zu $364{,}09 \cdot 15{,}2833 = 5564$ W. E.

Für gewisse Berechnungen ist es nötig, die Zusammensetzung des Gases nicht dem Gewichte, sondern dem Volumen nach zu wissen, z. B. zur Ermittlung des Wertes CO_2 max der Formel 24) auf Seite 36, ferner zur Bestimmung von Gasgeschwindigkeiten innerhalb einer Heizfläche etc.

Man führt hier die Berechnung analog der im vorigen Beispiel angegebenen durch, nur erhält man für die Zusammensetzung der Gasgemische andere Werte, als in Tabelle auf Seite 38 angegeben; hierfür setzt man:

$$\begin{aligned}
C + O_2 &= CO_2 = 20{,}96 \text{ Vol.-Proz. } CO_2 \text{ und } 79{,}04 \text{ Vol.-Proz. N} \\
H_2 + O &= H_2O = 15{,}97 \quad - \quad H_2O \quad - \quad 84{,}03 \quad - \quad N.
\end{aligned}$$

Man erhält z. B. die Zusammensetzung des Verbrennungsgasgemisches in cbm bei Anwendung des theoretisch nötigen Luftquantums und des vorerwähnten Brennstoffes nach folgendem Ansatz:

Zusammensetzung der Produkte direkter Verbrennung. 49

Reaktion	Rechnungsvorgang	Gaszusammensetzung		
		CO_2	H_2O	N
$C + O_2 = CO_2$	$\dfrac{8{,}904 \cdot 74{,}86}{100} = 6{,}6655$ cbm Vg_v	1,3970	—	5,2685 cbm
$H_2 + O = H_2O$	$\dfrac{32{,}074 \cdot 3{,}04}{100} = 0{,}9750$ cbm Vg_v	—	0,1557	0,8193 cbm
$H_2O =$	$\dfrac{1{,}242 \cdot 2{,}43}{100} = 0{,}0301$ cbm H_2O	—	0,0301	—
$N =$	$\dfrac{0{,}797 \cdot 1{,}00}{100} = 0{,}0079$ cbm N	—	—	0,0079 cbm
	zusammen	1,3970	0,1858	6,0957 cbm

Zusammengefaßt hat man demnach:

```
Kohlensäure  = 1,3970 cbm =  18,2 Vol.-Proz. CO₂
Wasserdampf  = 0,1858  -  =   2,5   -      H₂O
Stickstoff   = 6,0957  -  =  79,3   -      N
```
zusammen 7,6785 cbm = 100,0 Vol.-Proz.

Weiter kann man die Zusammensetzung der tatsächlich erzeugten Verbrennungsgasmenge, d. h. unter Einbegreifung des Luftüberschusses von 1,50 facher Menge, berechnen und erhält dann zusammengefaßt:

```
Kohlensäure  = 1,3970 cbm =  12,2 Vol.-Proz. CO₂
Wasserdampf  = 0,1858  -  =   1,4   -      H₂O
Stickstoff   = 9,0485  -  =  79,2   -      N
Sauerstoff   = 0,7830  -  =   6,8   -      O
```
zusammen 11,4143 cbm = 100,0 Vol.-Proz.

12. Die Berechnung des Nutzeffektes der direkten Wärmeentbindung und der Einfluß des Brennstoffes auf die Funktionen des Wärmeträgers.

Die in dem direkten Verbrennungsprozeß freiwerdende Wärmemenge muß bei vollkommenen Verhältnissen identisch sein mit der im verwandten Brennstoff vorhandenen. Bezeichnet man mit Hw die wirkliche Wärmemenge des Brennstoffs, mit

Fuchs. 4

L_p die tatsächlich angewandte Luftmenge, mit t die Temperatur der zuströmenden Luft, mit Vg die effektiv erzeugte Verbrennungsgasmenge, mit T die Temperatur des Verbrennungsgases und mit cp_L und cp_{Vg} die spezifischen Wärmen der Luft und des Verbrennungsgases pro Kilogramm, so ist der Wärmewert H_B des aus 1 kg Brennstoff gebildeten Gases

$$H_B = T \cdot cp_{Vg} \cdot Vg - t \cdot cp_L \cdot L_p \quad \ldots \ldots \quad 34)$$

Umgekehrt ist die Anfangstemperatur der Verbrennungsgase am Verbrennungsort

$$T = \frac{Hw + L_p \cdot cp_L \cdot t}{Vg \cdot cp_{Vg}} \quad \ldots \ldots \quad 35)$$

Der Faktor, welcher den Nutzeffekt der Verbrennung rein kalorimetrisch beeinflußt, liegt einfach darin, daß die Gesamtmenge des zu verbrennenden Materials wirklich ohne jeden Verlust in Verbrennungsgas umgesetzt wird. Bezeichnet man mit Δ in Prozenten die vom Gesamtquantum nicht in Wärme umgesetzte Brennstoffmenge und ferner das durch Strahlung und Leitung abfließende Wärmequantum, so hat man nicht Hw sondern (Hw — Δ) zu setzen; dieser Verlust entsteht durch Mitentfernen von Brennstoff beim Abschlacken, Durchfallen von Brennstoff durch die Rostspalten, Abführung von aus den Verbrennungsgasen entnommener Wärme infolge Strahlung und Ableitung durch das umgebende Mauerwerk.

Der zweite und wesentlichere Faktor ist in der Anfangstemperatur T, im sogenannten pyrometrischen Effekt, gegeben weil, wie später gezeigt werden wird, der Wärmedurchgang an Heizflächen mit der Zunahme der Temperaturdifferenz wächst und diese eine Funktion der Anfangstemperatur ist.

Wie aus der Formel ersichtlich, steigt die Anfangstemperatur mit der Zunahme Hw und der Abnahme von Δ, ferner mit der Abnahme von L_p und Vg, d. h. mit der Abnahme des Luftüberschusses, mit welchem das Brennmaterial verfeuert wird.

Mithin ist der günstigste Nutzeffekt des Verbrennungsprozesses zu suchen in einer durch geringen Luftüberschuß bedingten hohen Anfangstemperatur und einer möglichst vollkommenen Anteilnahme sämtlichen zur Wärmeerzeugung benutzten Brennstoffes.

Bestimmt man die Anfangstemperatur und die Zusammensetzung des Verbrennungsgases bezogen auf 1 kg Brennstoff, bevor dasselbe Wärme an die sich anschließende Heizfläche abgegeben hat, so erhält man den summarischen Ausdruck des Nutzeffektes der Verbrennung nach dem Ansatz

$$\frac{V_g \cdot c_{p_{V_g}} \cdot T - L_p \cdot c_{p_L} \cdot t}{H_w} \quad \ldots \ldots 36)$$

als den Anteil der in den Verbrennungsgasen wiedergefundenen Wärme zu der im Brennstoff (H_w) vorhandenen.

Einige Beispiele lassen diese Verhältnisse erkennen; in Versuch No. I resultiert der große Verlust aus dem Effekt, welche die Wärmeumsetzung rein kalorimetrisch beeinflußt (Faktor $H_w - \Delta$); in Versuch No. II hat man es mit einem hohen Anteil an der Wärmeentbindung, bedingt durch großen, pyrometrischen Effekt, zu tun; beiderseits fällt, da $t = 0^0$ beträgt, der Ausdruck $L_p \cdot c_{p_L} \cdot t$ fort.

	Versuch No.	
	I.	II.
Zusammensetzung des Brennstoffs:		
Kohlenstoff C	71,88 %	74,64 %
Wasserstoff H	1,32 -	4,68 -
Schwefel S	0,84 -	1,17 -
Hygroskop. Wasser H_2O . . .	5,58 -	3,09 -
Rückstände Rckst.	17,40 -	5,61 -
Sauerstoff und Stickstoff $O + N$.	2,98 -	10,81 -
Heizwert	6078 W.E.	7029 W.E.
Theoretisch notwendige Luftmenge .	8,6742 kg	9,7752 kg
Theoretisch resultierende Verbrennungsgasmenge	9,3707 kg	10,5941 kg
Luftüberschußkoeffizient	2,25 fach	1,15 fach

	Versuch No.	
	I.	II.
Tatsächlich resultierende Luftmenge	19,5169 kg	11,2414 kg
Tatsächlich resultierende Verbrennungsgasmenge	20,2134 kg	12,0603 kg
Zusammensetzung des Verbrennungsgases:		
Kohlensäure CO_2	2,5349 kg	2,6619 kg
Wasserdampf H_2O	0,1041 -	0,1710 -
Stickstoff N	15,0600 -	8,8874 -
Sauerstoff O	2,5144 -	0,3400 -
Kohlensäure CO_2	12,5 Gew.-Proz.	22,0 Gew.-Proz.
Wasserdampf H_2O	0,6 -	1,5 -
Stickstoff N	74,5 -	73,7 -
Sauerstoff O	12,4 -	2,8 -
Temperatur des Verbrennungsgases	700° C.	1560° C.
Spez. Wärme desselben hierbei	0,2642 W. E.	0,3548 W. E.
Wärmemenge in dem aus 1 kg Brennstoff erzeugten Verbrennungsgas	3738 W. E.	6675 W. E.
Desgl. in Prozenten des Brennstoffwärmewertes	61,5 %	94,9 %

Im Fall II verliert man mithin trotz hoher Anfangstemperatur nur 5,1% von der effektiv vorhandenen Wärmemenge, während im Fall I 38,5% verloren gehen. Die Ursache ist in dem gasarmen Brennstoff zu suchen, welcher schwer entzündlich ist und, um überhaupt zu verbrennen, nur mit großem Luftüberschuß verfeuert werden kann. Durch die unzweckmäßige Feuerungsanlage ist ferner bei dem sehr oft nötigen Abschlacken ein großer Teil Brennstoff unverbrannt mit entfernt worden. Es kommen hier die bei der Anführung der einzelnen Funktionen der Komponenten von Brennstoffen zum Ausdruck gebrachten Erscheinungen zur Geltung.

In den folgenden Darlegungen soll gezeigt werden, daß der pyrometrische Effekt, ausgedrückt durch die Anfangstemperaturen T, stark von der Zusammensetzung des zur Verwendung gelangenden Brennstoffes beeinflußt wird.

Betrachtet man die verschiedenen Rauchgasbildner CO_2, O, H_2O, N in Bezug auf ihre spezifischen Wärmen bei verschiedenen Temperaturen, so fällt besonders die hohe Wärmekapazität des Wasserdampfes auf. Es läßt sich hieraus der Schluß ziehen, daß Brennstoffe mit gleichem Wärmewert, aber wechselndem Wasserstoff- und Wassergehalt bei sonst gleichen Bedingungen verschieden hohe Anfangstemperaturen bei ihrer Verbrennung haben müssen, und daß ferner bei gleicher Temperatur der Wärmewert des an Wasserdampf reicheren Verbrennungsgases größer sein muß als bei einem an Wasserdampf ärmeren Gase.

Im Beispiel I ist eine aus dem Niederlausitzer Becken stammende Tagebau-Braunkohle angezogen, in Versuch II ist derselbe Brennstoff in brikettierter Form benutzt.

	Versuch No.	
	I	II
Zusammensetzung des Brennstoffes:		
Kohlenstoff C	21,69 %	46,82 %
Wasserstoff H	2,06 -	4,78 -
Schwefel S	0,71 -	1,12 -
Hygroskop. Wasser H_2O . . .	55,65 -	12,26
Rückstände Rckst.	3,13 -	8,94 -
Sauerstoff und Stickstoff $O + N$	16,72 -	26,08 -
Heizwert	2124 W. E.	4813 W. E.
Theoretisch notwendige Luftmenge .	2,5550 kg	5,9507 kg
Theoretisch resultierende Verbrennungsgasmenge	3,3402 -	6,5349 -
Luftüberschußkoeffizient	1,50 fach	1,50 fach
Tatsächlich resultierende Luftmenge .	3,8325 kg	8,9260 kg
Tatsächlich resultierende Verbrennungsgasmenge	4,6177 -	9,5102 -

Die Wärmeerzeugung.

	Versuch No.	
	I.	II.
Zusammensetzung des Verbrennungsgases:		
Kohlensäure	0,7735 kg	1,6697 kg
Wasserdampf	0,5637 -	0,1562 -
Stickstoff	2,9843 -	6,9944 -
Sauerstoff	0,2962 -	0,6899 -
Kohlensäure	16,7 Gew.-Proz.	17,5 Gew.-Proz.
Wasserdampf	12,2 -	1,6 -
Stickstoff	64,6 -	73,5 -
Sauerstoff	6,5 -	7,4 -

Die Wärmemengen der aus 1 kg Brennstoff resultierenden Verbrennungsgase stellen sich nun für verschiedene Temperaturen berechnet, wie folgt:

	Versuch No. I				Versuch No. II			
	Temperatur in Graden Celsius							
	300	600	900	1200	300	600	900	12
Spez. Wärme der Verbrennungsgase, W.E.	0,2875	0,3209	0,3528	0,3830	0,2596	0,2817	0,3036	0,3
Wärmemenge der aus 1 kg Brennstoff resultierenden Gase hierbei, W. E.	398	889	1466	2122	741	1607	2599	36
Desgl. in Prozenten des Brennstoffwärmewertes, %	18,7	41,8	69,2	100,0	15,3	33,4	53,9	76

Der besseren Übersicht wegen sind in dem Diagramm Figur 6 die erhaltenen Werte graphisch aufgetragen. Darnach erhielte man bei gleichem Luftüberschuß und unter der Voraussetzung, daß der Nutzeffekt der Wärmeentbindung beträgt

Die Brennstoffe. 55

	100 %	90 %	80 %
eine Anfangstemperatur bei Verwendung von Brennstoff, Versuch I	∼1200° C.	∼1070° C.	∼970° C.
desgl. Versuch II	∼1510° -	∼1430° -	∼1280° -

Die weiteren Beziehungen der einzelnen Komponenten der Brennstoffe zum Betriebswert derselben lassen sich kurz, wie folgt, zusammenfassen.

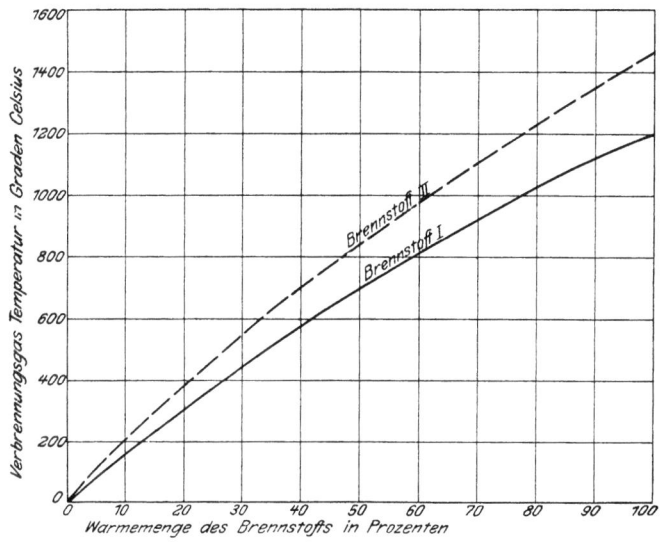

Fig. 6.

Die Verschiedenheit der Eigenschaften der Brennmaterialien erreicht bei dem als Steinkohle bekannten Brennstoff ein Maximum und soll hier infolgedessen auf denselben besonders eingegangen werden. Für die Beurteilung der Betriebsbrauchbarkeit ist nicht etwa der Heizwert allein maßgebend, sondern hierfür ist vielmehr die chemische Zusammensetzung von wesentlicherer Bedeutung. Die Heizwertbestimmung selbst bietet für die Erkenntnis der Betriebsbrauchbarkeit einer Steinkohle insofern geringen Anhalt, als die unter Berücksichtigung des bekannten Nutzeffektes einer Dampfkesselanlage berechnete Verdampfungsfähigkeit nur dann gewährleistet wird, wenn die Gesamteigenschaften der Steinkohlen genau dieselben sind, wie der bei der Ermittelung des Wirkungsgrades der Kesselanlage verwandten. Dieser Fall tritt jedoch nicht immer ein, weil ja meist Gegenstand der Beurteilung eine in ihren Eigenschaften unbekannte Kohlensorte ist. Somit ist auch ein Rückschluß auf die Verdampfungsfähigkeit einer Kohle aus dem Heizwert ohne weiteres nicht angängig.

Zur chemischen Zusammensetzung übergehend, bringen die brennbaren Komponenten der Steinkohle folgende wesentliche Erscheinungen beim Verbrennen mit sich.

Kohlenstoff.

Kohlenstoff in reiner Form ist äußerst schwer entzündlich und verbrennt langsam mit sehr kurzer, wenig leuchtender Flamme, weil ein Berühren resp. Mischen desselben mit dem Luftsauerstoff nur an seiner Oberfläche vor sich gehen kann. Als Beispiel hierfür kann das in Feuerungsbetrieben verwandte kohlenstoffreichste Brennmaterial, der Anthrazit, angeführt werden. In Versuch No. I auf Seite 51 ist die unzweckmäßige Verwendung eines kohlenstoffreichen Brennstoffes angegeben.

Wasserstoff beziehungsweise Kohlenwasserstoff.

Der in den Brennmaterialien vorhandene Wasserstoff ist nicht im freien Zustande, sondern an Kohlenstoff gebunden als Kohlenwasserstoff vorhanden. Derselbe ist für die Verwendungsfähigkeit von Steinkohlen von großer Bedeutung. Beim Erhitzen tritt zuerst eine trockene Destillation ein, wobei sämtliche Kohlenwasserstoffe ausgetrieben werden, z. B. als Methan, CH_4, Äthylen, C_2H_2 etc. Im Gegensatz zum festen Kohlenstoff hat man es hier mit gasförmigen Produkten zu tun, welche sich viel inniger mit dem Luftsauerstoff mischen und infolgedessen praktisch mit einem weitaus geringeren Luftüberschuß als der Kohlenstoff selbst oxydiert werden können. Zur vollkommenen Verbrennung zu CO_2 und H_2O bedarf es jedoch neben dem Sauerstoff auch noch einer gewissen Temperatur, der Entzündungstemperatur, welche unbedingt notwendig ist, um den Oxydationsprozeß einzuleiten; andererseits zerfallen nun aber gewisse Kohlenwasserstoffe bei den Temperaturen, welche für die Verbrennung der vorerwähnten Anteile notwendig sind, in einfachere Verbindungen, z. B. Äthylen in Methan und Kohlenstoff etc. Während das gasförmige Methan leicht verbrennt, befindet sich der Kohlenstoff, wenn genügend Luftsauerstoff und Temperatur vorhanden ist, äußerst fein zerteilt als weißglühender leuchtender Körper in der Flamme. Entzieht man nun entweder die Luft oder vermindert man die Temperatur, beispielsweise durch vorzeitiges Berührenlassen der weißglühenden Flamme der um vieles geringer temperierten Heizfläche eines Dampfkessels, so findet eine sofortige Sublimation statt, es bildet sich Ruß. Da nun, wie eingangs beim Kohlenstoff erwähnt, ein Verbrennen desselben zu Kohlensäure nur unter schwierigen Umständen vor sich geht, erscheint derselbe hier auch immer als Produkt unvollkommener Verbrennung, sichtbar an der Essenmündung. Man erkennt hieraus, daß die Möglichkeit der Ruß- resp. Rauchentwicklung als Funktion des Kohlenwasserstoff- resp. Wasserstoffgehaltes der Brennmaterialien aufgefaßt werden kann.

Beobachtet man an einer und derselben Feuerungsanlage bei Verfeuerung mit gleichem Luftüberschuß und bei gleicher Brennstoffmenge pro Zeiteinheit unter Verwendung verschiedenartig zusammengesetzter Brennstoffe die Rauchentwicklung, so erhält man Beziehungen, welche das Maß der Rauchbildung als Funktion des Wasserstoffgehaltes enthalten. Für die Feuerungsanlage des hier erwähnten Dampfkessels ergeben sich beispielsweise die in dem Diagramm Figur 7 dargestellten Abhängigkeitsverhältnisse. Der Wasserstoffgehalt bezieht sich auf den rückstandfreien Brennstoff.

Es ist selbstverständlich nötig, bei Vornahme solcher Versuche für möglichst gleiche Zustandsbedingungen zu sorgen, welche sich sogar bis auf die Beleuchtung und den Hintergrund der Esse — Bewölkung oder klarer Himmel — erstrecken müssen, da gegenteilig das Resultat sowohl von mehr oder weniger großem Luftüberschuß als auch von dem pro Zeit und Flächeneinheit verfeuerten Quantum des Brennstoffes und dem Hintergrunde, von welchem sich die Rauchmassen abheben sollen, abhängig ist.

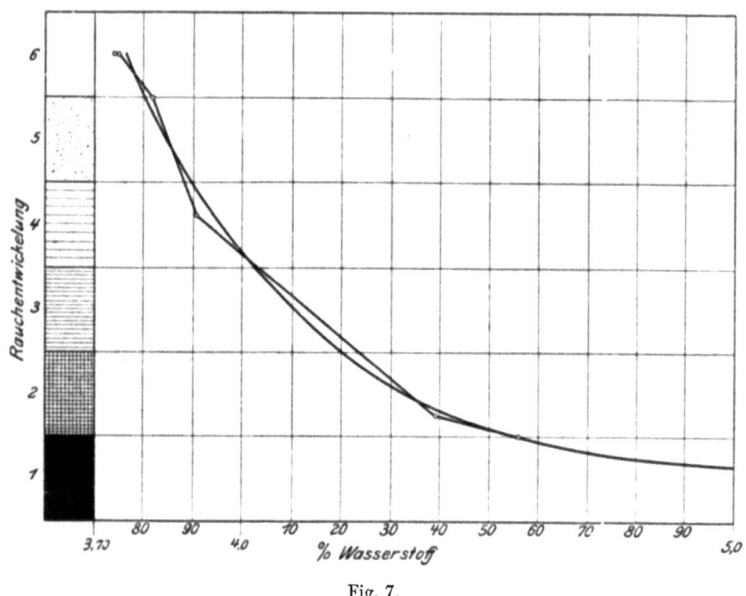

Fig. 7.

In dem Diagramm Figur 8 sind die Versuchsergebnisse derartiger Beobachtungen graphisch zum Ausdruck gebracht. Man erkennt klar, daß das größere Unvermögen der Feuerungsanlage, vollkommen zu verbrennen, wächst mit der Rostbelastung und daß die Sichtbarkeit der Rußentwicklung abnimmt mit der Zunahme des Luftüberschusses resp. der größeren Verdünnung der Rußrauchgasmischung. Ferner sei noch bemerkt, daß ein und dieselbe Rußmenge, welche bei bewölktem Himmel als mittelstarker Rauch bezeichnet wird, bei sonnenklarem Wetter kaum als Rauch zu bemerken ist.

Die Konsequenzen dieser Erfahrungen lassen sich auch

dahin formulieren, daß die namentlich in Städten als Kalamität betrachtete Rauchentwicklung der Feuerungsanlagen durch geeignete Auswahl des Brennmaterials behoben werden kann. Daß dem effektiv so ist, zeigen die hier mitgeteilten und über längere Zeitabschnitte ausgedehnten Versuche.

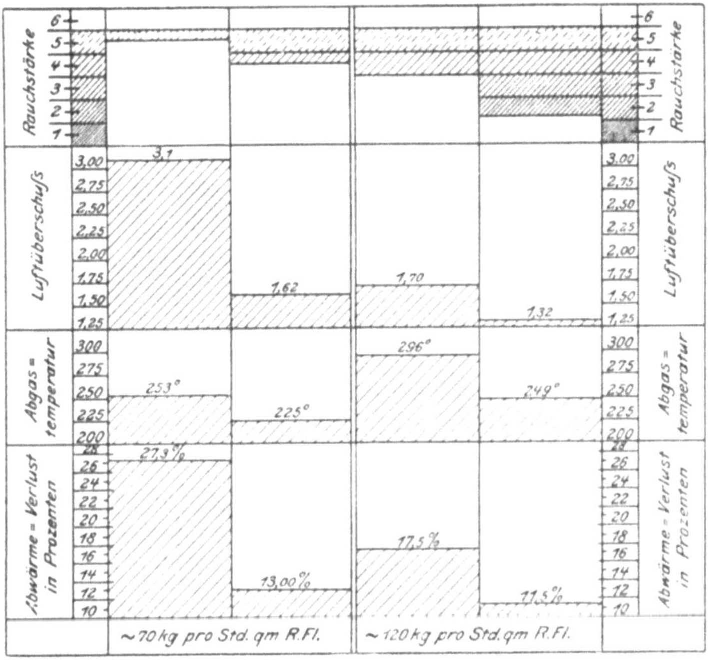

Fig. 8.

Es handelt sich in diesem Fall um ein kohlenwasserstoff- und damit auch wasserstoffreiches Brennmaterial A und ein sehr wasserstoffarmes Brennmaterial B, nebenbei bemerkt, ein Kokereiprodukt.

Mischt man diese beiden Brennstoffe, so muß der mittlere Wasserstoffgehalt der Mischung je nach der Art der Verteilung der beiden Fraktionen selbst variieren. Die Zusammensetzung war folgende:

Brennstoff	A	B
Kohlenstoff	74,92	76,15 %
Wasserstoff	**4,71**	**1,10** -
Sauerstoff	5,75	2,51 -
Stickstoff	0,84	1,12 -
Wasser	4,86	2,20 -
Rückstände	8,92	16,92 -
Nutzbarer Heizwert	7265 W. E.	6391 W. E.

Im Mittel aus einem 64 stündigen Versuch mit dem Brennstoff A ergab sich:

Stündlich verfeuerte Kohlenmenge pro 1 qm Rostfläche	92,68 kg
Stündlich verdampfte Wassermenge pro 1 qm Heizfläche	14,09 -
Pro 1 kg Kohle erzeugt Kilogramm Dampf von je 637 W.E.	8,19 -
Luftüberschußkoeffizient	1,42 fach
Rauchstärke	sehr stark
Nutzeffekt der Dampfanlage	72,03

Das zu sehr starker Rauchentwicklung Veranlassung gebende Brennmaterial A wurde nun mit dem Brennstoff B in einem Verhältnis von A = 80 kg, B = 20 kg gemischt. Die hieraus resultierende Zusammensetzung ergibt sich zu

Kohlenstoff	75,16 %
Wasserstoff	**3,98** -
Sauerstoff	5,10 -
Stickstoff	0,89 -
Wasser	4,32 -
Rückstände	10,55 -
Nutzbarer Heizwert	7058 W. E.

Im Mittel mit dieser Mischung ergab sich nunmehr in einem 64 stündigen Versuch:

Stündlich verfeuerte Kohlenmenge pro 1 qm Rostfläche	86,95 kg
Stündlich verdampfte Wassermenge pro 1 qm Heizfläche	13,12 -
Pro 1 kg Kohle erzeugt Kilogramm Dampf von je 637 W.E.	8,01 -
Luftüberschußkoeffizient	1,48 fach
Rauchstärke	mittelschwach
Nutzeffekt der Dampfanlage	72,29 %.

Durch die Mischung ist der Heizwert etwas heruntergegangen, ebenso aber auch der Wasserstoffgehalt von 4,71 auf

3,98 %, was zur Folge hat, daß bei annähernd gleicher Rostbelastung und gleichem Luftüberschuß die Rauchentwicklung um ein erhebliches vermindert worden ist, ohne daß irgendwelche nachteilige Wirkungen für den Feuerungsprozeß sich einstellten.

Die nicht brennbaren Komponenten der Steinkohlen lassen folgende wesentliche Eigenschaften erkennen:

Wasser.

Der Wärmewert der Brennmaterialien wird durch den Gehalt an Wasser bedeutend herabgesetzt. Feuchte Kohlen besitzen natürlich um so viel weniger Brennstoff, als die Differenz nach Abzug des in Gewichtsprozenten angegebenen Wassers beträgt. Ein weiterer Übelstand ist die Wärmeabsorption des Wassers während des Verfeuerungsprozesses. Während dasselbe flüssig, z. B. mit 20° C., bei einer hierbei besitzenden Flüssigkeitswärme von 20,01 W. E. pro Kilogramm in die Feuerung gelangt, verläßt dasselbe die Dampfkesselheizfläche als Dampf von atmosphärischer Spannung, beispielsweise mit 250° C. im überhitzten Zustande mit 693,46 W. E. Wie weit der pyrometrische Effekt durch mehr oder minder großen Wassergehalt beeinflußt wird, zeigen die Versuche auf Seite 53.

Rückstände.

Große Wichtigkeit für den Betriebswert hat der mehr oder minder große Gehalt an mineralischen Bestandteilen, die Asche der Brennstoffe, weil dieselbe einen Einfluß auf die Rostbetriebsdauer ausübt. Unter Rostbetriebsdauer ist hier diejenige Zeitdauer verstanden, welche, natürlich bei gleichen Bedingungen, verstreicht, ehe der Rost infolge von Luftmangel, geboten durch großen Widerstand, abgeschlackt werden muß. Sind also die dynamischen Effekte der Zugansaugungsanlage konstant, so wird bei einem bestimmten Schlackengehalt des Brennmaterials nur eine bestimmte und sich immer gleichbleibende Rostbetriebsdauer möglich sein. Um eine rechnerische Beziehung hierfür zu erhalten, sind einige aus Versuchen herrührende Daten so verwertet worden, daß als Endergebnis diejenige

Rostbeanspruchung in Kilogramm Brennmaterial resultiert, welche beispielsweise speziell in dem hier angeführten Fall als Normallast pro Stunde und Quadratmeter Heizfläche 12 kg Dampf mit je $\sim$ 622 zuzuführenden W. E. (weil 10 kg Überdruck und 40^0 temperiertes Speisewasser vorhanden) zu erzeugen im stande ist.

Die aus dem bekannten Gehalt an Rückständen im Brennmaterial berechnete Schlackenmenge, welche sodann pro Stunde und 1 qm Rostfläche erhalten wird, ist als Funktion für die Rostbetriebsdauer verwertet worden.

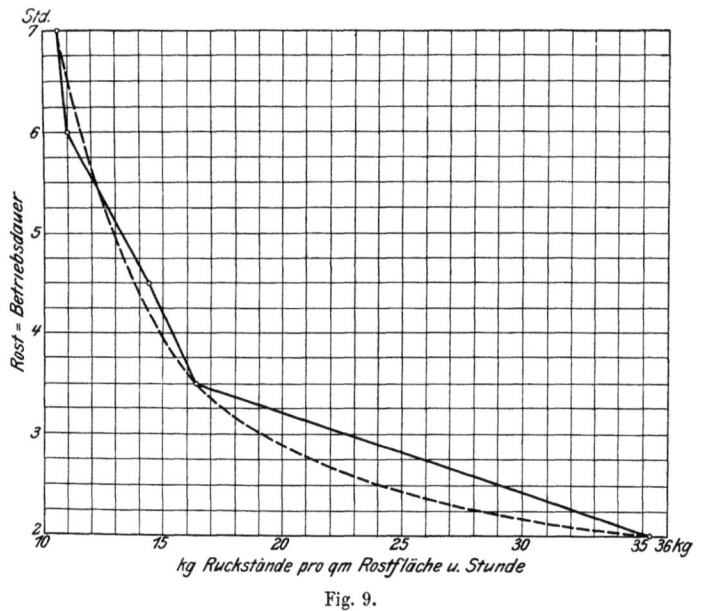

Fig. 9.

Aus einer ganzen Anzahl von Versuchen wurden folgende Mittel erhalten:

Rostbetriebsdauer in Stunden . .	2	3½	5	6	7
Kilogramm Rückstände pro Stunde und Quadratmeter Rostfläche .	35,3	16,4	13,4	11,0	10,6

Erhält man demnach bei obigem Normalbetrieb pro Stunde und Quadratmeter Rostfläche $\sim$ 14 kg Rückstände, so ist der dem Luftzutritt gebotene Widerstand nach $\sim$ 4½ Stunden so groß, daß das Abschlacken geboten erscheint. In dem Diagramm Figur 9 befindet sich eine Zusammenstellung dieser Bedingungen.

Aus den hier eingangs erwähnten Verhältnissen bei der Mischung des Luftsauerstoffs mit dem festen Kohlenstoff und den gasförmigen Kohlenwasserstoffen läßt sich weiter folgern, daß, trotzdem gasreiche Kohlen theoretisch zum Oxydieren nicht sehr viel weniger Luft wie gasarme Kohlen erfordern, bei gegebener Sauganlage pro Zeiteinheit mehr gasreiche als gasarme Brennstoffe verfeuert werden können, weil erstere einfach infolge besserer Mischung mit dem Luftsauerstoff praktisch auch mit kleinerem Luftüberschuß verfeuert werden können. Beispielsweise wurde erhalten:

Kohlenstoffgehalt	77,80 %	67,52 %
Wasserstoffgehalt	3,82 -	4,39 -
Bei gleichem Unterdruck wurden pro Stunde und Quadratmeter Rostfläche verfeuert	**84,2** kg	**131,2** kg
Theoretischer Luftbedarf	9,987 kg	8,273 kg
Luftüberschußkoeffizient	**2,04** fach	**1,70** fach
Luftgewicht, stündlich zugeführt . . .	1715 kg	1770 kg
Nutzbarer Heizwert	7236 W. E.	6640 W. E.

Entgegengesetzt dem aus dem Heizwert abzuleitenden Resultat ist der Brennstoff mit dem geringeren Wärmewert für den Betrieb zum mindesten ebenso wertvoll als der Brennstoff mit dem größeren Heizwert.

Faßt man die hier zum Ausdruck gebrachten Erfahrungen kurz zusammen und bezeichnet man mit Dampfleistungsfähigkeit eines Brennmaterials den summarischen Ausdruck der Verwendbarkeit desselben in diesem oder jenem Feuerungsbetriebe, so erhält man hierfür zwei wesentliche Eigenschaften, nämlich

1. die Verdampfungsfähigkeit, d. h. den nutzbaren Heizwert und
2. die Verfeuerungsfähigkeit, d. h. die Summa der Funktionen seiner brennbaren und unbrennbaren Bestandteile.

Beide Eigenschaften beachtet, lassen eine Wertbestimmung eines Brennstoffes erst zu.

Ein Beispiel endlich für die Verwendbarkeit der angeführten Erfahrungen läßt dieselben, wie folgt, erkennen:

>Heizfläche des Dampfkessels 250 qm
>Rostfläche der Feuerungsanlage 5 -.

Zusammensetzung des unbekannten Brennstoffes:

>C   H   Rückstände
>73,20 % 4,30 %   8,24 %.

Nutzbarer Heizwert . . . . $\sim$ 7200 W. E.
Nutzeffekt der Dampfanlage, bei welcher der Brennstoff verwandt werden soll . . . . $\sim$ 68 %
Stündlich zu erzeugende Dampfmenge . . . . $\sim$ 3000 kg
Pro 1 kg Dampf erforderlich . . . . $\sim$ 625 W. E.
1 kg Kohle wird erzeugen . . . . $\sim$ 7,82 kg
Stündlich zu verfeuernde Kohlenmenge . . . . $\sim$ 383 kg
Stündlich pro 1 qm sich bildende Rückstandmenge . . $\sim$ 6,5 kg
Rostbetriebsdauer . . . . gut 7 Stunden
Rauchentwicklung . . . . stark.

Bemerkungen: Der Brennstoff ist preiswert und bis auf die Rauchentwicklung empfehlenswert.

II. Teil.
Die Wärmeverwendung.

Die durch einen Vergasungs-, Entgasungs- und Verbrennungsprozeß freiwerdende Wärmemenge kann in den beiden ersten Fällen durch Verbrennung in Motoren arbeitleistend verwandt werden — ein Gebiet, welches hier außer acht gelassen ist — oder aber es kann in jeder der angezogenen Reaktionen das resultierende Wärmequantum von entsprechenden Heizflächen zwecks Erzeugung von Wasserdampf in Dampfkesseln, zur Überhitzung desselben in Dampfüberhitzern und endlich zur Vorwärmung des Speisewassers in Vorwärmern zur Anwendung gelangen. Der erzeugte und arbeitleistende Dampf, z. B. durch Expansion in Dampfmaschinen und die hierbei auftretenden Vorgänge sind ebenfalls als nicht zur Diskussion stehend außer acht gelassen.

13. Die Wärmeaufnahmefähigkeit und Wärmeverteilung innerhalb einer Dampfkesselheizfläche und der Nutzeffekt der Dampfkesselanlage.

Die Wärmeaufnahmefähigkeit einer Dampfkesselheizfläche hängt von verschiedenen Umständen ab, welche sich, wie folgt, kurz zusammenfassen lassen.

Die günstigsten Eigenschaften des Wärmeträgers liegen in einer hohen Anfangstemperatur — einem hohen pyrometrischen Effekt — und einer möglichst geringen Gasgeschwindigkeit

— geringem Luftüberschuß — mit welchem derselbe durch die wärmeaufnehmende Heizfläche fließt, ferner in der großmöglichsten metallischen Reinheit der inneren und äußeren Heizflächenperipherie und endlich in einer möglichst großen Geschwindigkeit des in Dampf zu verwandelnden Wassers, d. h. einer möglichst lebhaften Zirkulation desselben innerhalb der Heizfläche.

Daß Maß für die aufgenommene Wärmemenge wird meist in der Anzahl der pro Stunde und 1 qm Heizfläche verdampften Kilogramm Wasser resp. Dampf ausgedrückt. Diese Zahlen sind jedoch nur dann untereinander vergleichbar, wenn die Temperatur des zugeführten Speisewassers und die Gesamtwärme des erzeugten Dampfes gleich sind oder doch wenigstens auf gleiche Basis gebracht werden; als solche gilt für das Speisewasser eine Temperatur von 0^0 C. und für die Gesamtwärme des Dampfes 636,72 W. E., entsprechend Dampf von 1 kg Überdruck. Die Einheit ist hier also der in Formel 29) erwähnten analog.

Hat man beispielsweise pro Stunde und Quadratmeter Heizfläche 18 kg Dampf von 13 kg Überdruck, gleich 666,14 W. E. pro kg enthaltend, aus Speisewasser von 82^0 C. erzeugt, so erhält man die auf normale Bedingungen reduzierte Heizflächenleistung resp. Beanspruchung nach dem Ansatz

$$\frac{18 \cdot (666{,}14 - [82 \cdot 1{,}0093])}{636{,}72}$$

gleich 16,49 kg Dampf von 636,72 W. E. Erzeugungswärme pro Stunde und Quadratmeter Heizfläche. Die Zahl 1,0093 ist die spezifische Wärme des Wassers bei 82^0 C.; für Temperaturen zwischen 0^0 und 100^0 C. liegen folgende Werte vor:

Temperatur . .	0	10	20	30	40	50^0 C.
Spez. Wärme . .	1,0000	1,0005	1,0012	1,0020	1,0030	1,0040 W. E.

Temperatur . .	60	70	80	90	100^0 C.
Spez. Wärme . .	1,0056	1,0072	1,0090	1,0109	1,0130 W. E.

Will man diese Zahl nicht in Kilogramm Dampf von je

Die Dampfkesselheizfläche. 67

636,72 W. E. Erzeugungswärme, sondern in W. E. selbst angeben, so erhält man in dem vorerwähnten Beispiel

$$18 \cdot (666{,}14 - 82{,}76) = 10\,500{,}84 \text{ W. E.}$$

pro Stunde und Quadratmeter.

Im dritten Fall endlich wird die von der Heizfläche absorbierte Wärmemenge durch den Wärmedurchgangs- oder Transmissionskoeffizienten k, bezogen auf die mittlere Temperaturdifferenz, ausgedrückt, welcher angibt, wieviel W. E. pro Stunde, Quadratmeter und 1^{0} C. Temperaturdifferenz vom wärmegebenden zum wärmeabsorbierenden Medium aufgenommen wurden. Es kommt hier also nicht nur die Heizflächenleistung in Betracht, sondern es wird auch auf den Zustand des Wärmeträgers Bezug genommen. Hat man die mittlere Temperaturdifferenz δ_m zwischen wärmegebendem und -absorbierendem Körper ermittelt, so ist k in diesem Fall einfach $\dfrac{Q}{\delta_m}$, wenn mit Q die pro Stunde und Quadratmeter Heizfläche absorbierte Wärmemenge bezeichnet wird. Man hat es in den hier vorkommenden Fällen mit drei Arten des Wärmeaustausches zu tun und zwar:

1. Wärmeträger und Wärmeaufnehmer fließen sowohl außerhalb wie innerhalb der Heizfläche parallel, d. h. sie liegen im Gleichstrom Gl. zu einander.

2. Wärmeträger und Wärmeaufnehmer fließen außerhalb und innerhalb der Heizfläche gegeneinander, also in umgekehrter Richtung, d. h. sie liegen im Gegenstrom Gg. zueinander.

3. der Wärmeträger ändert seine Temperatur, der Wärmeaufnehmer hat konstante Temperatur.

Die mittlere Temperatur-Differenz δ_m für diese drei Zustände erhält man nach Grashof als logarithmische Gleichungen für Fall 1 zu

$$\delta_m \text{ Gl.} = \frac{(t_{Vge} - t_{De}) - (t_{Vga} - t_{Da})}{\log. \text{ nat. } \dfrac{t_{Vge} - t_{De}}{t_{Vga} - t_{Da}}} \quad \ldots \quad 37)$$

für Fall 2 zu

$$\delta_m \text{ Gg.} = \frac{(t_{Vge} - t_{Da}) - (t_{Vga} - t_{De})}{\log.\text{nat.} \frac{t_{Vge} - t_{Da}}{t_{Vga} - t_{De}}} \quad \ldots \quad 38)$$

und für Fall 3 zu

$$d_m = \frac{t_{Vge} - t_{Vga}}{\log.\text{nat.} \frac{t_{Vge} - t_{De}}{t_{Vga} - t_{Da}}} \quad \ldots \ldots \quad 39)$$

In diesen Formeln bedeutet t = Temperaturen, V_g = Verbrennungsgas, D = Dampf resp. Wasser, a = Austritt, e = Eintritt in die entsprechenden Heizflächen.

Für eine nach dem Gegenstromprinzip wärmeabsorbierende Dampfkesselheizfläche ist z. B. erhalten worden:

$$t_{Vge} \ldots \ldots 1327^0$$
$$t_{Vga} \ldots \ldots 255^0$$
$$t_{De} \ldots \ldots 36^0$$
$$t_{Da} \ldots \ldots 180^0$$

$$\delta_m = \frac{(1327 - 180) - (255 - 36)}{\log.\text{nat.} \frac{1327 - 180}{255 - 36}} = \frac{928}{\log.\text{nat. } 5{,}237} = 561{,}5^0.$$

Da nun Q pro Stunde und Quadratmeter hier 7962 W. E. betrug, erhält man mithin den auf 1^0 Temperaturdifferenz bezogenen Wärmedurchgangskoeffizienten k zu

$$\frac{7962}{561{,}5} = 14{,}17 \text{ W. E.}$$

Inwieweit sich die Wärmeaufnahmefähigkeit einer und derselben Dampfkesselheizfläche bei annähernd gleichen Umständen in Bezug auf die Temperaturverhältnisse t_e und t_a D und bei variablen Temperaturen t_e und t_a V_g und wechselnden Verbrennungsgasmengen verhält, zeigen einige an einem Dampfkessel vorgenommene Beobachtungen.

In der Versuchsreihe A hat man es mit durchschnittlich hohen Anfangstemperaturen und kleinem Verbrennungsgas-

Die Dampfkesselheizfläche. 69

volumen zu tun, d. h. die Wärmeerzeugung geht mit hohem Nutzeffekt vor sich.

Gegenteilige Verhältnisse liegen in der Versuchsreihe B vor.

Versuchsreihe A.

Versuch No.	1	2	3	4	5
Q	4353	4878	7718	7962	9420 W. E.
t_{Da}	180,25	180,92	181,33	182,07	181,78° C.
t_{Vge}	1186	1173	1327	1190	1143 -
t_{Vga}	241	240	255	287	311 -
δ_m	333	331	391	397	420 -
k	13,0	14,7	19,8	20,0	22,4 W. E.

Versuchsreihe B.

Versuch No.	6	7	8	9	10
Q	3782	4569	6469	7654	8068 W. E.
t_{Da}	179,85	180,25	180,90	180,90	181,21° C.
t_{Vge}	935	980	1059	1089	1041 -
t_{Vga}	241	259	272	304	327 -
δ_m	279	313	352	424	400 -
k	13,7	15,4	18,5	20,2	21,6 W. E.

Betrachtet man ferner das Verhältnis der von der Kesselheizfläche absorbierten Wärmemenge zu der am Heizflächenanfang vorhandenen, so erhält man den Nutzeffekt, mit welchem die Wärmeaufnahme vor sich gegangen ist.

Für die Versuche der eben erwähnten Reihe A und B wurden folgende Werte erhalten:

Versuchsreihe A.

Versuch No.	1	2	3	4	5
Am Heizflächenanfang vorhandene Wärmemenge .	2 166 632	2 409 227	3 693 472	3 915 196	4 729 586 W. E.
Von der Heizfläche absorbierte Wärmemenge . . .	1 850 377	2 073 205	3 280 127	3 373 923	4 003 373 W. E.
Nutzeffekt . . .	84,01	86,05	88,80	86,17	84,64 %

Versuchsreihe B.

Versuch No.	6	7	8	9	10
Am Heizflächenanfang vorhandene Wärmemenge .	2 107 031	2 596 218	3 417 974	4 040 727	4 286 682 W. E.
Von der Heizfläche absorbierte Wärmemenge . . .	1 597 672	1 942 156	2 749 562	3 253 204	3 429 004 W. E.
Nutzeffekt . . .	75,82	74,80	80,44	80,51	79,99 %

Das günstigste Verhältnis liegt in diesem Fall demnach, wenn ein hoher Feuerungsnutzeffekt vorhanden ist, bei einem Wärmedurchgang von 7718 W. E. = 12,12 kg Dampf von je 636,72 W. E. Erzeugungswärme. In den später abgebildeten Figuren 34 und 35 sind diese Nutzeffektwerte punktiert eingetragen.

Belastet man die Heizfläche geringer oder stärker, so fällt der Nutzeffekt bis auf 84 % herunter. Bei geringem Nutzeffekt der Feuerungsanlage liegt die beste Wärmeaufnahmefähigkeit der Dampfkesselheizfläche ebenfalls bei einem stündlichen Wärmedurchgang von 7654 W. E. = 12,02 kg Dampf von je 636,72 W. E.; im ungünstigsten Fall geht hier jedoch der Nutzeffekt bis zu 75 % herunter.

Mithin erhält man für jede Dampfkesselheizfläche bei einem bestimmten und eindeutigen Wärmedurchgang einen maximalen Nutzeffekt derselben, welcher Wert für die Betriebskontrolle wichtig genug ist, um ermittelt zu werden.

Beziehen sich die hier erwähnten Versuche auf einen summarischen Ausdruck für den ganzen Dampfkessel, so ist in der folgenden Untersuchung die Verteilung der Wärmemenge innerhalb einer und derselben Dampfkesselheizfläche klargelegt.

Der zu diesen Untersuchungen benutzte Dampfkessel, Fig. 10, besteht aus acht übereinander liegenden Rohrreihen von 5000 mm Länge, 95 mm äußerem und 88 mm innerem Rohrdurchmesser; jede Rohrreihe setzt sich aus 10 nebeneinander liegenden Rohren zusammen. Der Verbrennungsgasweg ist durch zwei senkrecht gegen die Rohre gerichtete Wände a und b sowie durch drei Abdeckungen c, d und e gegeben. Die mit einem Pluszeichen versehenen Rohrabschnitte liegen vor dem Überhitzer von 36,60 qm Heizfläche, die mit einem

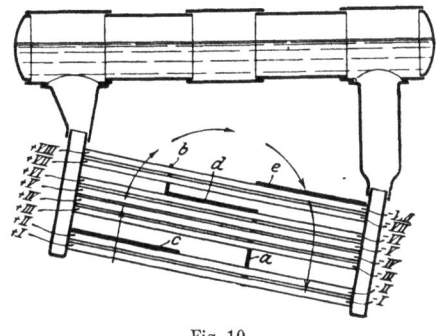

Fig. 10.

Minuszeichen versehenen dahinter. Zählt man die Rohrreihen und die hiermit gegebene Heizfläche im Sinne des Gasweges, so erhält man folgende Bezeichnungen und Heizflächenwerte:

Rohrreihe		Heizfläche qm	Summe qm	Summe %
+	I	9,952	9,952	9,00
-	II	9,952	19,904	18,00
-	III	9,952	29,856	27,00
-	IV	9,952	39,808	36,00
-	V	9,952	49,760	45,00
-	VI	9,952	59,712	54,00
-	VII	3,041	62,753	56,70
-	VIII	3,041	65,794	59,41
—	VIII	10,781	76,575	69,20
-	VII	10,781	87,356	79,00
-	VI	3,870	91,226	82,50
-	V	3,870	95,096	86,00
-	IV	3,870	98,966	89,50
-	III	3,870	102,836	93,00
-	II	3,870	106,706	96,50
—	I	3,870	110,576	100,00

Die Rostfläche zu dieser Heizfläche von 110,576 qm beträgt 3,60 qm.

Die Temperaturen wurden je nach ihrer Höhe mit Thermoelementen nach Holborn und Wien oder mit Quecksilberthermometern bestimmt. Zur Ermittlung der Temperatur des Wassers innerhalb der Kesselheizfläche wurden Thermometer durch die Rohrverschlüsse geführt. Die Geschwindigkeit des in den Rohren umlaufenden Wassers wurde aus der Beobachtung von Flügelrädern abgeleitet, für welche die Abhängigkeit der Umlaufzahl von der Menge des durchfließenden Wassers empirisch festgestellt war (Fig. 21 auf Seite 114).

Es wurde beobachtet:

Versuchsdauer . . . . 8 Std. 44 Min.

Brennstoff, westfälische Förderkohle, Zeche Hagenbeck:
nutzbarer Heizwert . . . . 7186 W. E.

Zusammensetzung
- C . . . . 76,54 %
- H . . . . 4,13 -
- O . . . . 5,39 -
- N . . . . 0,82 -
- S . . . . 0,64 -

Rückstände . . . . 9,02 -
hygroskopisches Wasser . . . . 3,46 -
theoretischer Luftbedarf auf 1 kg Brennstoff . . . . 9,934 kg
theoretische Verbrennungsgasmenge desgl. . . . . 10,835 -
verfeuerte Brennstoffmenge . . . . 2992,5 -
desgl. in 1 Std. . . . . 342,6 -
desgl. in 1 Std. auf 1 qm Rostfläche . . . . 95,1 -

Wassermenge, verdampft . . . . 24000 -
desgl. in 1 Std. . . . . 2748,0 -
desgl. in 1 Std. auf 1 qm Heizfläche . . . . 24,85 -
Temperatur des Wassers . . . . 33,54° C

Dampf, Spannung absolut . . . . 11,90 kg/qcm
zugehörige Temperatur . . . . 186,54° C
Wärmekapazität für 1 kg in gesättigtem Zustande . . 663,39 W. E.
Überhitzung über den Sättigungspunkt . . . . . . 54,89° C
Temperatur des überhitzten Dampfes . . . . . . 241,43 -
spezifische Wärme desselben für 1 kg . . . . . . 0,507 W. E.
zugeführte Überhitzungswärme für 1 kg . . . . . 27,82 -
Gesamtwärme des erzeugten Dampfes 691,21

Die Dampfkesselheizfläche.

Verdampfungsziffer für 1 kg Brennstoff bei den Versuchsbedingungen 8,023
Erzeugungswärme für 1 kg Dampf . . . . 657,67 W. E.
mit 1 kg Brennstoff in Dampf umgesetzte Wärmemenge 5276,48 -
mit 1 kg Brennstoff verdampfte Wassermenge von je
636,72 W. E. . . . . 8,287 kg
auf 1 Std. und für 1 qm Heizfläche erzeugte Dampfmenge von je 636,72 W. E. . . . . 24,58 -
Verbrennungsgastemperatur am Heizflächenanfang . 1301° C
desgl. am Eintritt in den Überhitzer . . . . . . 426 -
- am Austritt aus dem   -   . . . . 320 -
- am Ende der Dampfkesselheizfläche . . . . 269 -

Geschwindigkeit des Wassers.

in Rohrreihe I . . . . . . 0,980 m/sek
- - II . . . . . . 0,597 -
- - III . . . . . . 0,459 -
- - IV . . . . . . 0,328 -
- - V . . . . . . 0,305 -
- - VI . . . . . . 0,275 -
- - VII . . . . . . 0,135 -
- - VIII . . . . . . 0,033 -

Auf Grund dieser beobachteten Werte berechnet sich die Wärmeverteilung innerhalb der Heizfläche, wie folgt:

Menge und Zusammensetzung des Verbrennungsgases auf 1 kg Brennstoff:

2,220 kg CO_2 = 13,96 Gewichtsprozent
1,176 - O = 6,13 -
0,319 - H_2O = 2,00 -
12,186 - N = 77,91 -
―――――――――――――――――
15,901 kg = 100,00 Gewichtsprozent.

Wärmemenge auf 1 kg Brennstoff bei Meßpunkt 1:
Heizflächenanfang.

spez. Wärme von CO_2 bei 1301° C = 0,451 × Gew. Proz. = 6,295
- - - O - - = 0,260 × - = 1,593
- - - H_2O - - = 0,894 × - = 1,788
- - - N - - = 0,296 × - = 22,966
spezifische Wärme des Verbrennungsgases 0,3263
auf 1 kg Brennstoff in den Verbrennungsgasen vorhandene Wärmemenge . . . 6750,23 W. E. = 93,92 v. H.

Wärmemenge auf 1 kg Brennstoff bei Meßpunkt 2:
Eintritt in den Überhitzer.

spez. Wärme von CO_2 bei 426° C = 0,289 × Gew.-Proz. = 4,034
- - - O   -   - = 0,226 ×   -   = 1,485
- - - H_2O -   - = 0,575 ×   -   = 1,150
- - - N   -   - = 0,261 ×   -   = 20,334
spezifische Wärme des Verbrennungsgases 0,2700
auf 1 kg Brennstoff in den Verbrennungs-
gasen vorhandene Wärmemenge . . . 1828,93 W. E. = 25,45 v. H.

Wärmemenge auf 1 kg Brennstoff bei Meßpunkt 3:
Austritt aus den Überhitzer.

spez. Wärme von CO_2 bei 320° C = 0,270 × Gew.-Proz. = 3,769
- - - O   -   - = 0,223 ×   -   = 1,366
- - - H_2O -   - = 0,530 ×   -   = 1,060
- - - N   -   - = 0,254 ×   -   = 19,799
spezifische Wärme des Verbrennungsgases 0,2599
auf 1 kg Brennstoff in den Verbrennungs-
gasen vorhandene Warmemenge . . . 1322,45 W. E. = 18,43 v. H.

Wärmemenge auf 1 kg Brennstoff bei Meßpunkt 4:
Austritt aus der Kesselheizfläche.

spez. Wärme von CO_2 bei 269° C = 0,244 × Gew.-Proz. = 3,406
- - - O   -   - = 0,221 ×   -   = 1,354
- - - H_2O -   - = 0,518 ×   -   = 1,036
- - - N   -   - = 0,253 ×   -   = 19,711
spezifische Warme des Verbrennungsgases 0,2550
auf 1 kg Brennstoff in den Verbrennungs-
gasen vorhandene Wärmemenge . . . 1090,72 W. E. = 15,11 v. H.

Die Wärmebilanz stellt sich nunmehr auf Grund dieser Werte, wie folgt:

Wärmemenge des Brennstoffes . . .			100,00 %
Verlust durch den Feuerungsprozeß .	6,08 %		
von der Heizfläche aufgenommen . .		73,39 %	
Abwärmeverlust am Heizflächenende .	15,11 -		
im Mauerwerk und durch Strahlung verzehrt (Differenz)	5,42 -		
		26,61 -	
			100,00 %

In dem Diagramm Fig. 11 sind diese Beziehungen zum Ausdruck gebracht. Sowohl die Wärmemenge als auch die Heizfläche ist in Prozentwerten aufgetragen.

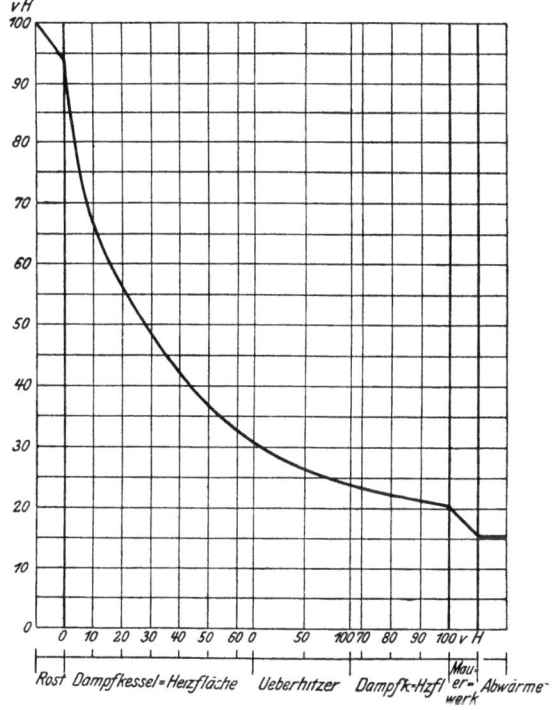

Fig. 11.

Zu diesen gemessenen Größen sind nun weiter rechnerisch die veränderlichen Belastungsverhältnisse, die Wasserumlaufwerte und der Wärmeübergang von Rohrreihe zu Rohrreihe festgelegt worden. Die Ergebnisse sind einmal so aufgestellt, daß der Weg des Verbrennungsgases und die von ihm bestrichene Heizfläche zugrunde gelegt sind — Fall A —, ferner so, daß sich die oben angeführten Werte auf die ganze Rohrreihe erstrecken — Fall B. Die einzelnen Beziehungen für den Fall A sind in dem Diagramm Fig. 12 dargestellt; der nach der mitgeteilten Wärmebilanz im Mauerwerk verbleibende

Wärmerest — 5,42 v. H. — ist hier durch Rechnung eliminiert, d. h. für die folgenden Betrachtungen kommt nur die der Heizfläche angebotene Wärmemenge zur Geltung. Heizfläche und Wärmemenge sind im Diagramm wiederum nach Hundertteilen aufgetragen; ferner befindet sich an der rechten Seite des Koordinatensystemes eine Temperaturteilung.

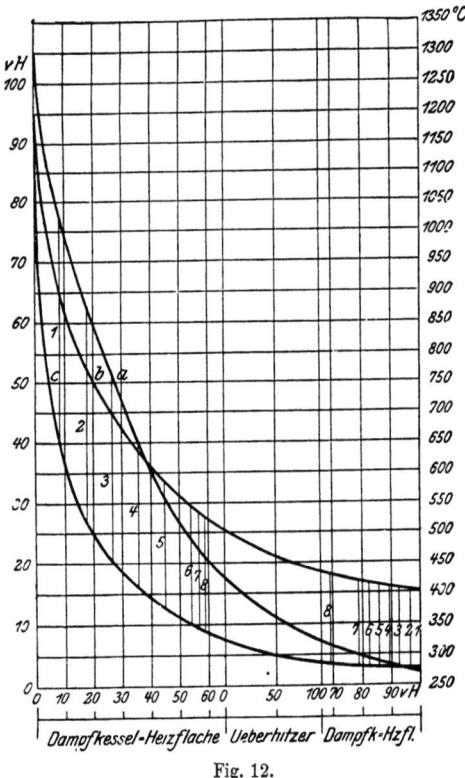

Fig. 12.

Die Striche mit den Zahlen 1, 2, 3 ... deuten die Rohrreihen + I, + II, ... — II, — I innerhalb der Gesamtheizfläche an.

Kurve a stellt den Temperaturverlauf, Kurve b im ursächlichen Zusammenhange hiermit den Wärmewert der Verbrennungsgase, bezogen auf 1 kg Brennstoff, Kurve c endlich die Anteilnahme der einzelnen Heizflächenelemente an der Dampferzeugung in Hundertteilen der Gesamtmenge dar.

Die Dampfkesselheizfläche. 77

In der folgenden Zahlentafel bedeutet t die Verbrennungsgastemperatur, Δ deren Differenz zwischen den Rohrreihen, Q_W die in 1 Std. auf 1 qm Heizfläche übergegangene Wärmemenge in W. E., Q_D den gleichen Wert, ausgedrückt in kg Dampf von je 636,72 W. E. bezw. in %.

Fall A.

	t °C	Δ °C.	Q_W W. E.	Q_D kg	%
Anfangstemperatur	1 301				
Rohrreihe + I	1 025	276	67 680	106,92	100,00
- II	878	147	29 833	46,85	43,81
- III	757	121	17 907	28,12	26,30
- IV	649	108	14 050	22,06	20,63
- V	558	91	11 104	17,44	16,32
- VI	490	68	8 979	14,01	13,09
- VII	473	17	6 832	10,73	10,04
- VIII	460	13	6 564	10,30	9,63
Temp. beim Austritt aus dem Überhitzer	320				
Rohrreihe — VIII	311	9	2 311	3,63	3,40
- VII	303	8	2 000	3,14	2,93
- VI	297	6	1 888	2,96	2,76
- V	289	8	1 826	2,86	2,67
- IV	284	5	1 826	2,86	2,67
- III	279	5	1 826	2,86	2,67
- II	274	5	1 826	2,86	2,67
- I	269	5	1 826	2,86	2,67

Fall B.

	Q_D kg	%
Rohrreihe I	78,01	100,00
- II	34,54	44,26
- III	31,05	39,80
- IV	16,68	21,36
- V	13,35	16,98
- VI	10,31	13,22
- VII	4,80	6,15
- VIII	4,81	5,64

Die durch Versuch bestimmte mittlere Geschwindigkeit des Wassers in den einzelnen Rohrreihen erlaubt weiter, unter Benutzung des Wertes Q_D die Umlaufgrößen c zu berechnen, welche angeben, wie oft eine Gewichteinheit Wasser durch die Heizfläche fließen muß, ehe sie in Dampf übergeführt wird. Darüber gibt die folgende Zusammenstellung Auskunft, in der v die Wassergeschwindigkeit, w die sekundlich durch eine Rohrreihe fließende Wassermenge, w_1 endlich die auf 1 qm Heizfläche stündlich durchströmende Wassermenge bedeutet.

	v m/sek.	w kg/sek.	w_1 kg/st.	c
Rohrreihe I	0,980	59,60	16 020	205
- II	0,597	36,30	9 432	273
- III	0,459	27,91	7 272	234
- IV	0,328	19,94	5 184	310
- V	0,305	18,55	4 824	361
- VI	0,275	16,72	4 356	459
- VII	0,135	8,21	2 124	442
- VIII	0,033	2,00	504	114

Durch Messung der Temperatur des umlaufenden Wassers ist weiter festgestellt worden, daß das Wasser am vorderen Teil der Heizfläche nur rund 2^0 C. wärmer als am hinteren Teil ist.

Hiernach hat man folgendes: Der Wärmegeber V_g ändert seine Temperatur von V_{ge} bis V_{ga}, der Wärmeaufnehmer D hat unveränderliche Temperatur, $D_e = D_a$; der mittlere Temperaturunterschied δ_m zwischen V_g und D berechnet sich demnach nach Formel 39 zu

$$\delta_m = \frac{t_{Vge} - t_{Vga}}{\ln\left(\dfrac{t_{Vge} - t_{De}}{t_{Vga} - t_{Da}}\right)},$$

oder, wenn $\varDelta\alpha$ und $\varDelta\beta$ die Temperaturunterschiede zwischen V_g und D am Eintritt und Austritt sind, zu

$$\vartheta_m = \frac{\Delta \alpha - \Delta \beta}{\ln\left(\frac{\Delta \alpha}{\Delta \beta}\right)}.$$

Die mittleren Temperaturunterschiede und die Wärmedurchgänge k pro st., qm und 1° Temperaturunterschied zwischen Wärmegeber und Wärmeaufnehmer stellen sich demnach wie folgt:

Fall A.

	ϑ_m °C.	k W.E.	%
Rohrreihe + I	1 244	54,50	100,00
- II	995	29,98	55,41
- III	823	21,76	40,00
- IV	658	21,35	39,24
- V	535	20,75	38,14
- VI	436	20,61	37,88
- VII	416	16,65	30,60
- VIII	400	16,41	30,16
- — VIII	184	12,56	23,08
- VII	156	12,82	23,16
- VI	145	13,04	23,30
- V	140	13,04	23,30
- IV	136	13,42	24,66
- III	133	13,73	24,81
- II	127	14,29	26,27
- I	119	15,26	27,58

Fall B.

	k W.E.	%
Rohrreihe I	40,37	100,00
- II	25,58	70,5
- III	19,44	36,5
- IV	19,32	33,5
- V	18,48	31,1
VI	18,20	28,1
- VII	13,97	13,8
- VIII	13,40	3,4

Einen Maßstab für die Richtigkeit der Angaben über die durchgehenden Wärmemengen erhält man aus dem Vergleich der relativen Werte der — gemessenen — Wassergeschwindigkeiten v und der — berechneten — Wärmedurchgangskoeffizienten k; denn die ungleichmäßige Aufnahme der Wärme bedingt Gleichgewichtsänderungen, die durch die entsprechenden Bewegungsgeschwindigkeiten gemessen werden. Hier hat man:

	v %	k %
Rohrreihe I	100,0	100,0
- II	60,9	70,5
- III	46,8	36,5
- IV	33,5	33,5
- V	31,1	31,1
- VI	28,1	28,1
- VII	13,8	13,8
- VIII	3,4	3,4

In Rohrreihe I ist gegen Rohrreihe
- II k 1,57 mal größer, $t_\varDelta$ 1,19 mal größer
- III k 2,01 -   - $t_\varDelta$ 1,44 -   -
- IV k 2,08 -   - $t_\varDelta$ 1,73 -   -
- V k 2,18 -   - $t_\varDelta$ 2,10 -   -
- VI k 2,22 -   - $t_\varDelta$ 2,51 -   -
- VII k 3,02 -   - $t_\varDelta$ 4,09 -   -
- VIII k 3,01 -   - $t_\varDelta$ 3,99 -   -

Die Ursache für die Verschiedenheit der k-Werte liegt in der Größe des Temperaturgefälles. Wird die Temperatur des Wassers im Mittel zu 187° C. angenommen, so erhält man folgende mittlere Temperaturen t_{Vg} des Wärmegebers und Temperaturunterschiede $t_\varDelta$ gegenüber dem Wärmeaufnehmer:

	t_{Vg} °C.	$t_\varDelta$ °C.
Rohrreihe I	813	626
- II	709	522
- III	619	432
- IV	547	360
- V	483	296
- VI	436	249
- VII	340	153
- VIII	344	157

Man kann ferner sowohl die Temperaturunterschiede $t_\varDelta$ als auch die Werte für k im Verhältnis zu den für die erste Rohrreihe gültigen Werten ausdrücken, um den Zusammenhang zwischen $t_\varDelta$ und k darzustellen; man erhält dann:

Die Abweichungen zwischen k und $t_\varDelta$ betragen:

in Rohrreihe I 0,00
- - II . . . . $+0,38$
- - III . . . . $+0,57$
- - IV . . . . $+0,25$
- - V . . . . $+0,08$
- - VI . . . . $-0,29$
- - VII . . . . $-1,07$
- - VIII . . . . $-0,98$

Die Abweichungen rühren zum Teil aus den Beobachtungsfehlern her, sind jedoch grundsätzlich bedingt durch die Veränderlichkeit der spezifischen Wärme des Wärmegebers mit der Temperatur. Es ergibt sich demnach:

Die Wärmedurchgangszahl k wächst annähernd proportional mit der Zunahme des Temperaturunterschiedes gegenüber dem Wärmeaufnehmer, wobei zu berücksichtigen ist, daß infolge der Veränderlichkeit der spezifischen Wärme mit der Temperatur Abweichungen im positiven oder negativen Sinne, je nach der Höhe der Temperatur und Zusammensetzung des Wärmegebers, auftreten.

Bei gleichem Wärmeträger und gleicher Heizfläche nimmt ferner, wie in der Einleitung zu diesem Abschnitt erwähnt, die Wärmeaufnahmefähigkeit mit der Verstärkung des Wasserumlaufes zu. Ausschlaggebend hierfür ist neben der Verteilung der Heizfläche innerhalb der Wege des Wärmeträgers die Bemessung der Querschnitte, welche das Dampf-Wassergemisch zu- und abzuführen haben. Es sind verschiedene Vorrichtungen bekannt, die den natürlichen Umlauf zur Vergrößerung der Wärmeaufnahmefähigkeit verstärken sollen, so z. B. die Dubiau-Rohrpumpe. Durch die weiter unten ausgeführten Versuche ist erwiesen, daß diese Vorrichtung den Umlauf bei richtig gewählten Querschnitten nicht nennenswert erhöht, jedenfalls nicht in dem Maße, daß eine Wärmeersparnis sicher nachgewiesen werden könnte. Wenn nun scheinbar doch ein größerer Nutzeffekt der Dampferzeugungsanlage vorhanden ist, so rührt dies von der vermehrten Tätigkeit der Überhitzerheizfläche, nicht aber von der größeren Wärmeaufnahmefähigkeit der Dampfkesselheizfläche selbst her. Zudem tritt eine erkennbare Wirkung erst bei hoher Belastung der Heizfläche auf.

Die Versuchsanlage weist folgende Verhältnisse auf:

	Versuch I und II qm	Versuch III und IV qm
Rostfläche	6,67	8,25
Heizfläche des Dampfkessels	305	310
Heizfläche des Überhitzers	80	100

Um den Wärmeübergang auf 1° C. mittleren Temperaturunterschied zu berechnen, sind folgende Wege eingeschlagen worden (auch für die Versuche V und VI gültig):

1. Die nicht gemessene Anfangstemperatur ist auf Grund der Angaben der Wärmebilanz berechnet worden. Hieraus wurde der Nutzeffekt des Verbrennungsvorganges in der Weise abgeleitet, daß der halbe Betrag der Restwärme mit dem gemessenen Verlust durch brennbaren Stoff in den Herdrückständen vom Heizwert des Brennstoffes abgezogen ist. Durch Proberechnung ist dann unter Berücksichtigung der veränderlichen spezifischen Wärme der gasförmigen Bestandteile die Anfangstemperatur ermittelt worden; erfahrungsgemäß dürfte sie der wahren Temperatur bis auf wenige Grade gleichkommen.

2. In Bezug auf die Temperaturverhältnisse innerhalb der Dampfkesselheizfläche sind die gleichen Bedingungen wie bei Versuch I hergestellt worden, d. h. der Wärmeaufnehmer hat innerhalb der Heizfläche gleichbleibende Temperatur. Für den mittleren Temperaturunterschied innerhalb der Dampfkesselheizfläche allein, ohne Berücksichtigung des Überhitzers,

wurde das Verbrennungsgas-Temperaturgefälle vom Eintritt bis zum Austritt aus dem Überhitzer zur Endtemperatur der Kesselheizfläche gezählt.

3. Die Überhitzerheizflächen (s. Abschnitt 14) liegen zur Hälfte im Gleich-, zur Hälfte im Gegenstrom mit dem Wärmeträger. Der mittlere Temperaturunterschied δ_m ist hier unter Beibehaltung der vorher angegebenen Bezeichnungen berechnet worden nach dem Ansatz

$$\delta_m = \frac{\left(t_{Vge} - \frac{t_{Da} + t_{De}}{2}\right) - \left(t_{Vga} - \frac{t_{Da} + t_{De}}{2}\right)}{\ln\left[\frac{t_{Vge} - \frac{t_{Da} + t_{De}}{2}}{t_{Vga} - \frac{t_{Da} + t_{De}}{2}}\right]}.$$

Die Ergebnisse der Beobachtungen sind in der folgenden Zusammenstellung niedergelegt.

Aus den Versuchen I und II ist eine Vermehrung der Wärmeaufnahmefähigkeit durch die Dubiau-Rohrpumpe nicht erkennbar. Die Verhältnisse innerhalb der Gesamtheizfläche sind annähernd unverändert.

Andere Ergebnisse haben jedoch die Versuche III und IV. Scheinbar aus Anlaß des durch die Rohrpumpe künstlich vermehrten Umlaufes ist die Wärmeaufnahmefähigkeit so gestiegen, daß immerhin trotz etwas höherer Belastung rd. 4,3 v. H. mehr Wärmeausbeute als sonst vorhanden sind. Aber dieser tatsächlich größere Effekt ist ja nur scheinbar der durch die Rohrpumpe erhöhten Umlaufbewegung entsprungen, und in Wahrheit hat diese Vorrichtung nur sehr viel nasseren Dampf geliefert, der in dem reichlich bemessenen Überhitzer überhitzt wurde. Würde der erzeugte Dampf mit seiner der Kesselheizfläche entsprechenden Beschaffenheit in Rechnung gezogen, so hätte man keine größere, sondern wahrscheinlich viel eher eine kleinere Wärmeausbeute. Nimmt man bei Versuch III und IV für den Eintritt des Dampfes in den Überhitzer vergleichsweise trocken gesättigten Zustand an, so beträgt bei dem geringeren

84   Die Wärmeverwendung.

		Natürl. Wasserumlauf	Umlauf, vermehrt durch Dubiau-Rohrpumpe		Natürl. Wasserumlauf
		I 10 St. 5'	II 10St.17'	III 10St.24'	IV 10St.11'
Versuch No.					
Versuchsdauer					
Brennstoff-Zusammensetzung { C	%	77,49	76,20	78,04	76,54
H	-	4,32	4,39	4,31	4,22
O	-	5,39	6,55	4,02	3,81
N	-	0,81	0,90	0,84	0,93
S	-	1,12	0,74	0,61	0,70
Rückstände	-	8,41	8,96	9,50	10,80
Hygroskopisches Wasser	-	2,45	2,26	2,68	3,00
Nutzbarer Heizwert	W.E.	7388	7249	7455	7344
Theoretischer Luftbedarf für 1 kg Brennstoff	kg	10,292	10,016	10,310	10,117
Theoretische Verbrennungsgasmenge für 1 kg Brennstoff	-	11,036	10,845	11,163	10,959
Verfeuerte Brennstoffmenge	-	7747	8054	11242	11500
- - in 1 St.	-	768,3	783,0	1080,9	1129,2
- - auf 1 qm Rostfläche	-	114,3	117,4	131,0	130,8
Wassermenge, verdampft	-	54828	55375	80936	75745
- - in 1 St.	-	5437,5	5363,0	7781,0	7436,9
- - auf 1 qm Heizfläche	-	17,82	17,60	25,10	23,99
Temperatur des Wassers	°C.	22,3	16,0	19,3	17,5
Dampf, Spannung absolut	kg/qcm	14,37	14,91	15,00	14,75
Zugehörige Temperatur	°C.	195,2	196,9	197,2	196,5
Wärmeinhalt für 1 kg in gesättigtem Zustande	W.E.	666,04	666,55	666,64	666,43
Überhitzung über den Sättigungspunkt	°C.	124,4	127,1	133,8	142,7
Temperatur des überhitzten Dampfes	-	319,6	324,0	331,0	339,2
Spez. Wärme desselben für 1 kg	W.E.	0,5369	0,5385	0,5410	0,5443
Zugeführte Überhitzungswärme für 1 kg	-	66,79	68,42	72,41	77,63
Gesamtwärme des erzeugten Dampfes	-	732,83	734,97	739,05	744,06
Verdampfungsziffer bei den Versuchsbedingungen		7,07	6,87	7,20	6,58
Erzeugungswärme für 1 kg Dampf	W.E.	710,53	718,97	719,75	726,56

Die Dampfkesselheizfläche.

- Austritt } aus dem Überhitzer	-	369	365	330	449
- Ende der Dampfkesselheizfläche	-	355	354	309	376
CO_2-Gehalt der Verbrennungsgase in Raumprozenten	%	11,32	12,77	11,80	13,11
O - - - -	-	8,07	6,80	7,60	6,42
Luftüberschuß	-	1,62 fach	1,48 fach	1,57 fach	1,44 fach
Auf 1 kg Brennstoff tatsächlich entfallende Luftmenge	kg	16,673	14,823	16,186	14,567
Aus 1 - - erzeugte Verbrennungsgasmenge	-	17,417	15,652	16,939	15,359
Zusammensetzung des Wärmeträgers $\begin{cases} CO_2 \\ H_2O \\ O \\ N \end{cases}$	-	2,255	2,218	2,272	2,228
	-	1,382	1,116	1,341	1,023
	-	0,305	0,298	0,338	0,337
	-	13,475	12,020	12,988	11,711
in Gewichtsprozenten $\begin{cases} CO_2 \\ O \\ H_2O \\ N \end{cases}$	%	12,95	14,17	13,47	14,50
	-	7,87	7,13	7,91	6,66
	-	1,74	1,90	1,99	2,19
	-	77,44	76,80	76,63	76,65
Spez. Wärme des Wärmeträgers am Eintritt in den Überhitzer	W.E.			0,2699	0,2731
- - - - Austritt aus dem Überhitzer	-			0,2591	0,2647
- - - - Ende der Kesselheizfläche	-	0,2559	0,2560	0,2608	0,2582
Verbrennungsgaswärmemenge auf 1 kg Brennstoff $\begin{cases} \text{Eintritt} \\ \text{Austritt} \end{cases}$ Überhitzer	-			2648	2726
Austritt Kesselheizfl.	-			1448	1825
	-	1528	1418	1251	1406
Mittlerer Temperaturunterschied innerhalb der Kesselheizfläche	°C	755	750	640	676
Aufgenommene Wärmemenge in 1 St. auf 1 qm	W.E.	11471	11449	16248	15567
Wärmeübergangszahl k für 1 qm, 1°C. und 1 qm	-	15,2	15,2	25,3	23,1
Mittlerer Temperaturunterschied innerhalb der Überhitzerheizfläche	°C			158	279
Aufgenommene Wärmemenge in 1 St. auf 1 qm	W.E.			5634	5773
Wärmeübergangszahl k für 1 qm, 1°C. und 1 qm	-			35,6	20,6
Wärmebilanz:					
Von der Gesamtheizfläche aufgenommen	%	67,99	66,60	69,37	65,19
Wärmeinhalt des Verbrennungsgases am Heizflächenende	-	21,41	19,56	16,78	19,14
Wärmemenge im Unverbrannten der Herdrückstände	-	2,20	3,15	0,96	1,32
Differenz: Leitung, Strahlung und Wärmeinhalt des Kesselmauerwerkes	-	8,40	10,69	12,89	14,35

Temperaturunterschied in Versuch III (158° C.) der Wärmeübergangswert 35,6 W. E., während er sich bei Versuch IV mit dem viel höheren mittleren Temperaturunterschied (279° C.) nur auf 20,6 W. E. stellt. Neben diesen auf außerordentlich viel nasseren Dampf hinweisenden Umständen hat man ferner:

	Versuch III	IV
	W. E.	W. E.
Verbrennungsgaswärme auf 1 kg Brennstoff, im Überhitzer aufgenommen	1200,3	901,0
Überhitzungswärme im Dampf auf 1 kg Brennstoff	521,3	510,8
Unterschied zwischen Wärmeträger und -aufnehmer für 1 kg Dampf	94,3	59,3.

Es ist nun die Annahme berechtigt, daß in beiden Fällen der Nutzeffekt des Dampfüberhitzers der gleiche ist. Man hat also in Versuch III sehr viel mehr Aufdampfarbeit als in Versuch IV anzunehmen, d. h. es ist wesentlich nasserer Dampf von der Kesselheizfläche erzeugt worden. Mithin ist die durch diese künstliche Umlaufvermehrung scheinbar hervorgerufene positive Wirkung nicht vorhanden; wohl aber kann — wie in diesem Fall — eine noch nicht voll belastete Überhitzerheizfläche vereinigt mit der Umlaufvorrichtung ein positives, d. h. wärmeersparendes Ergebnis zeitigen.

Die Abhängigkeit der Wärmeaufnahmefähigkeit einer Heizfläche von der Art des Wärmeträgers ist rechnerisch auf Seite 54 nachgewiesen; die Zusammensetzung des Wärmeträgers ist von Einfluß auf den Anteil der Wärmemenge, der von einer und derselben Dampfkesselheizfläche aufgenommen wird; mit andern Worten: Bei gleichen Zustandsbedingungen des Wärmeaufnehmers, aber verschiedenartig zusammengesetztem Wärmeträger ergeben sich verschieden große Wärmeausnutzungen hervorgerufen durch das mit der wechselnden Zusammensetzung des Wärmeträgers veränderliche Temperaturgefälle. Hierfür kommen, wie a. a. Orten nachgewiesen, in Bezug auf den Wärmeerzeuger, den Brennstoff, zwei Umstände in Frage: einmal seine Beschaffenheit, sodann die damit zusammenhängende Beschaffenheit der Verbrennungsgase. Der Nutzeffekt des Wärmeerzeugungsvorganges wird einmal bei gleichem Luftüberschuß um so höher sein, je geringer der Gehalt an Rückständen des verwandten Brennstoffes, d. h. je kleiner der Anteil der an diese gebundenen, für die Kesselheizfläche verlorenen Wärme ist. Betrachtet man ferner die spezifischen Wärmen der Verbrennungsgasbildner, so fällt die hohe spezifische Wärme des Wasserdampfes hier besonders ins Gewicht. Bei gleichem Nutzeffekt des Wärmeerzeugungsvorganges und gleichem Brennstoff wird man eine um so kleinere Anfangstemperatur erhalten, je mehr Wasserdampf im Wärmeträger vorhanden ist; weiter ist die Wärmekapazität dieses Gases bei gleicher Endtemperatur bedeutend größer als bei einem Wasserdampf in geringeren Mengen enthaltenden Wärmeträger.

Aus den Versuchen V und VI ist eine Bestätigung dieser gesetzmäßigen Beziehungen erkennbar. Rost- und Heizflächen sind analog denen bei Versuch I und II. Der Brennstoff in Versuch V ist kohlenwasserstoffreich und enthält wenig Rückstände, der Brennstoff in Versuch VI ist gasarm und besitzt fast die doppelte Rückstandmenge. Der Nutzeffekt wird hier namentlich durch den zuerst angeführten Umstand beeinflußt; es sei erwähnt, daß der zu zweit angeführte insbesondere bei aus Braunkohlen stammenden Wärmeträgern (sehr hoher Wasserdampfgehalt) auftritt.

Es wurde beobachtet:

		V	VI
Versuch No.			
Versuchsdauer		10 St. 6'	10 St. 15'
Brennstoff-Zusammensetzung	C . . . . . %	74,89	76,92
	H . . . . . -	4,98	4,24
	O . . . . . -	7,59	5,37
	N . . . . . -	1,03	0,94
	S . . . . . -	1,40	1,21
Rückstände . . . . -		5,30	9,22
Hygroskopisches Wasser . . . . -		4,81	2,10
Nutzbarer Heizwert . . . . W. E.		7445	7304

Theoretischer Luftbedarf für 1 kg Brennstoff	kg	10,233	10,099
Theoretische Verbrennungsgasmenge für 1 kg Brennstoff	-	10,868	10,924
Verfeuerte Brennstoffmenge	-	7856	8500
- - in 1 St.	-	777,7	829,2
- - - 1 - auf 1 qm Rostfläche	-	115,7	123,4
Wassermenge, verdampft	-	60 996	59 093
- - in 1 St.	-	6039,2	5765,2
- - - 1 - auf 1 qm Heizfläche	-	19,80	18,90
Dampf, Spannung absolut	kg/qcm	14,54	14,43
Zugehörige Temperatur	°C.	195,7	195,4
Wärmeinhalt für 1 kg in gesättigtem Zustande	W. E.	666,20	666,10
Überhitzung über den Sättigungspunkt	°C.	116,5	129,9
Temperatur des überhitzten Dampfes	-	312,2	325,3
Spez. Wärme desselben für 1 kg	W. E.	0,5340	0,5390
Zugeführte Überhitzungswärme für 1 kg	-	62,2	70,0
Gesamtwärme des erzeugten Dampfes	-	728,40	736,10
Verdampfungszahl bei den Versuchsbedingungen		7,76	6,95
Erzeugungswärme für 1 kg Dampf	W. E.	716,0	715,5
Mit 1 kg Brennstoff in Dampf umgesetzte Wärmemenge	-	5563,8	4972,7
Mit 1 kg Brennstoff verdampfte Wassermenge von je 636,72 W. E./kg	kg	8,73	7,81
Verbrennungsgastemperatur am Heizflächenanfang	°C.	1305	1235
- - Eintritt ⎫ aus dem	-	471	494
- - Austritt ⎬ Überhitzer	-	360	379
- - Ende der Dampfkesselheizfläche	-	323	355
Auf 1 kg Brennstoff tatsächlich entfallende Luftmenge	kg	15,635	15,855
Aus 1 kg Brennstoff tatsächlich erzeugte Verbrennungsgasmenge	-	16,480	16,680
Zusammensetzung des Wärmeträgers CO_2	-	2,180	2,237
O	-	1,303	1,337
H_2O	-	0,377	0,314
N	-	12,620	12,792
in Gewichtsprozenten CO_2	%	13,22	13,41
O	-	7,90	8,01
H_2O	-	2,28	1,88
N	-	76,60	76,70

Spez. Wärme des Wärmeträgers am Austritt aus der Dampfkesselheizfläche	W. E.	0,2647	0,2638
Verbrennungsgaswärmemenge auf 1 kg Brennstoff hierbei	-	1409	1562
Mittlerer Temperaturunterschied innerhalb der Kesselheizfläche	°C.	569	563
Aufgenommene Wärmemenge in 1 St. auf 1 qm	W. E.	9011	8922
Wärmeübergangszahl k für 1 St., 1°C. und 1 qm	-	15,8	15,8
Mittlerer Temperaturunterschied innerhalb der Überhitzerheizfläche	°C.	158	160
Aufgenommene Wärmemenge in 1 St. auf 1 qm	W. E.	4945	5044
Wärmeübergangszahl k für 1 St., 1°C. und 1 qm	-	31,3	31,5
Wärmebilanz:			
Von der Gesamtheizfläche aufgenommen	%	74,71	68,08
Wärmeinhalt des Verbrennungsgases am Heizflächenende	-	18,57	21,12
Wärmemenge im Unverbrannten der Herdrückstände	-	0,28	3,85
Differenz: Leitung, Strahlung und Wärmeinhalt des Kesselmauerwerkes	-	6,44	6,95

Sowohl der Nutzeffekt des Wärmeerzeugungsvorganges als auch das Temperaturgefälle innerhalb der Heizfläche ist bei Versuch VI wesentlich geringer; beide Ursachen bedingen trotz gleichen Wärmeüberganges eine geringere Wärmeausbeute, ein Gesichtspunkt, der bei vergleichenden Betrachtungen, bei Vornahme von Abnahmeversuchen u. s. w. nicht außer acht gelassen werden sollte.

14. Der Nutzeffekt und der Wärmedurchgang an Dampfüberhitzerheizflächen.

Während bei der Beanspruchung der Dampfkesselheizfläche gewissermaßen weite Variationen möglich und in Dampfbetrieben auch tatsächlich vorhanden sind, ist die Beanspruchung einer Dampfüberhitzerheizfläche meist nicht so willkürlich variabel zu gestalten, weil dieselbe eben einfach den erzeugten Dampf, gleichviel welches Quantum, auf eine gewisse Temperatur zu erhitzen hat und deshalb die mehr oder minder große Beanspruchung keine weitere direkte Regelung erfährt.

Jeder genauen Berechnung derjenigen Wärmemenge, welche von einer Dampfüberhitzerheizfläche pro Brennstoffeinheit aufgenommen wird, stellen sich erhebliche Schwierigkeiten entgegen. Hauptsächlich wird das Resultat deshalb stets unsicher, wenn nicht gar wertlos, weil man die Gesamtwärme des eintretenden Dampfes nicht kennt und dieselbe auch nur unsicher bestimmen kann.

Hat man es mit einer zwischen die Dampfkesselheizfläche eingebauten Dampfüberhitzerheizfläche zu tun, so ist der Nutzeffekt aus der Zusammensetzung der Verbrennungsgase, seiner Temperatur und der sich hieraus ergebenden Wärmemenge, sowie des vom Überhitzer absorbierten Wärmequantums zu berechnen. Ein direkter Rückschluß auf die mehr oder weniger große Menge von Wasser in dem zu überhitzenden Dampf ist in diesem Fall kaum ausführbar.

Aus zwei Versuchen A und B an zwischen die Dampfkesselheizfläche eingebauten Dampfüberhitzern wurden z. B. folgende Verhältnisse konstatiert:

		Versuch A	Versuch B
Verbrennungsgaszusammensetzung	CO_2	14,75 Gew.-Proz.	13,98 Gew.-Proz.
	H_2O	2,26 -	2,17 -
	O	6,30 -	7,13 -
	N	76,69 -	76,72 -
Temperatur der Verbrennungsgase beim Eintritt in den Überhitzer		445,3° C.	489,0° C.
Temperatur der Verbrennungsgase beim Austritt aus dem Überhitzer		355,3° C.	402,0° C.
Spezifische Wärme der Verbrennungsgase beim Eintritt in den Überhitzer		0,2692 W. E.	0,2744 W. E.
Spezifische Wärme der Verbrennungsgase beim Austritt aus dem Überhitzer		0,2640 W. E.	0,2687 W. E.
Pro 1 kg Brennstoff erzeugtes Verbrennungsgasquantum		14,513 kg	15,877 kg

Die Dampfüberhitzerheizfläche.

	Versuch	
	A	B
Gesamtwärme der pro 1 kg Brennstoff erzeugten Verbrennungsgasmenge beim Eintritt in den Überhitzer .	1738,56 W. E.	2130,37 W. E.
Gesamtwärme der pro 1 kg Brennstoff erzeugten Verbrennungsgasmenge beim Austritt aus dem Überhitzer .	1361,29 W. E.	1674,76 W. E.
Pro 1 kg Kohle werden überhitzt Dampf	7,05 kg	6,93 kg
Temperatur des Dampfes beim Eintritt in den Überhitzer	195,38° C.	195,77° C.
Temperatur des Dampfes beim Austritt aus dem Überhitzer	296,5° C.	317,2° C.
Gesamtwärme des trocken gesättigt angenommenen Dampfes beim Eintritt in den Überhitzer.	666,090 W. E.	666,209 W. E.
Gesamtwärme des überhitzten Dampfes beim Austritt aus dem Überhitzer .	719,521 W. E.	731,295 W. E.
Von 1 kg Dampf aufgenommene Wärmemenge	53,431 W. E.	65,086 W. E.
Von 1 kg Brennstoff absorbierte Wärmemenge zur Dampfüberhitzung	376,688 W. E.	451,045 W. E.
Differenz Eintritts- minus Austritts- Verbrennungsgaswärme	377,27 W. E.	455,61 W. E.
Differenz Eintritts- minus Austritts- Dampfwärme	376,68 W. E.	451,04 W. E.
Differenz Verbrennungsgaswärme minus Dampfwärme	0,59 W. E.	4,57 W. E.

Pro 1 kg Dampf betrugen mithin die Differenzen Verbrennungsgaswärme minus Dampfwärme im Fall A 0,083 W. E., im Fall B 0,659 W. E., d. h. die Differenzen sind praktisch gleich Null.

In den folgenden Versuchen ist diese Differenz jedoch ganz erheblich größer. Die Ursache hierzu liegt offenbar in einem erhöhten Wassergehalt des Dampfes, welcher erst bis zum Sättigungspunkt aufgedampft werden muß und hierbei den Verbrennungsgasen Wärme entzieht, welche in der Überhitzungswärme allein nicht zum Ausdruck gelangt.

92   Die Wärmeverwendung.

Es wurde beobachtet:

	Versuch	
	A	B
Gasmenge pro 1 kg Brennstoff...	14,676 kg	15,901 kg
Zusammensetzung des Wärmeträgers $\begin{cases} CO_2 \\ H_2O \\ N \\ O \end{cases}$	15,06 Gew.-Proz. 2,50 - 75,20 - 7,30 -	13,96 Gew.-Proz. 2,00 - 77,91 - 6,13 -
Gastemperatur am Eintritt ⎱ Über- desgl. am Austritt ⎰ hitzer	586° C. 388 -	426° C. 320 -
Spez. Wärme ⎰ am Eintritt ⎱ Über- des Gases ⎱ am Austritt ⎰ hitzer	0,286 W. E. 0,266 -	0,270 W. E. 0,259 -
Wärmemenge der aus 1 kg Brennstoff stammenden Verbrennungsgase am Eintritt ⎱ Überhitzer ⎰ .... am Austritt ⎰ ⎱ .... Zur Überhitzung aus den Verbrennungsgasen verwandte Wärmemenge . .	2459,6 W. E. 1514,6 - 945,0 -	1828,9 W. E. 1322,4 - 506,5 -
Temperatur des überhitzten Dampfes	322° C.	241° C.
Spez. Wärme desselben	0,536 W. E.	0,507 W. E.
Überhitzung über den Sättigungspunkt	125,5° C.	54,8° C.
Wärmemenge zum Überhitzen pro 1 kg Dampf, wenn derselbe trocken gesättigt ist	67,27 W. E.	27,82 W. E.
Pro 1 kg Brennstoff überhitzte Dampfmenge	7,42 kg	8,00 kg
Pro 1 kg Brennstoff aufzuwendende Wärmemenge bei Eintritt trocken gesättigten Dampfes in den Überhitzer.	499,1 W. E.	222,6 W. E.
Nutzeffekt der gesamten Anlage . .	74,8 %	73,4 %
Unter Berücksichtigung des Nutzeffektes berechnete Wärmemenge des pro 1 kg Brennstoff überhitzten Dampfmenge	667,2 W. E.	303,2 W. E.

	Versuch	
	A	B
Differenz zwischen tatsächlich verwandter und aus der Überhitzung berechneter Überhitzungswärme, wenn der eintretende Dampf trocken gesättigten Zustand hat	277,8 W. E.	303,2 W. E.
desgl., umgerechnet auf 1 kg Dampf	37,4 -	25,4 -

Demnach hätte man im Fall A für den in den Überhitzer eintretenden Dampf statt 666,43 W. E. = 629,03 W. E. pro kg, für Fall B statt 663,29 W. E. = 637,89 W. E. oder in A $\sim$ 5,7 % und in B $\sim$ 3,9 % weniger Wärmeinhalt pro 1 kg, als es dem wasserfreien und trocken gesättigten Zustand entspricht.

Hat man es mit direkt befeuertem Überhitzer zu tun, so kann man den Wärmewirkungsgrad desselben nach folgendem Annäherungsverfahren bestimmen.

Man teilt die Gesamt-Überhitzer-Heizfläche einfach in zwei Meßbereiche und vergleicht die an der Seite des Dampfaustritts Gl. gemessenen Temperaturgefälle der Verbrennungsgase und der vom Dampf absorbierten Wärmemengen mit der Seite des Dampfeintritts Gg.

Da an der Dampfaustrittsseite Gl. anzunehmen ist, daß der Dampf wirklich frei von Wasser ist, während an der Dampfeintrittsseite Gg. wahrscheinlich erst Aufdampfarbeit bis zum Saturationspunkt zu leisten ist, wird man Differenzen bekommen, welche ausgeglichen werden müssen.

Bezeichnet man mit w Gl. das Produkt Differenz des Temperaturgefälles mal spezifischer Wärme der Verbrennungsgase pro Kilogramm auf der Dampfaustrittsseite, w Gg. dasselbe Produkt für die Dampfeintrittsseite, k Gl. die hierbei pro Kilogramm Dampf aufgenommene Wärmemenge, so muß das gesuchte, weil unbekannte Wärmequantum k Gg., welches an der Gegenstromseite absorbiert wurde, einfach

$$k\ Gg. = \frac{k\ Gl.\ w\ Gg.}{w\ Gl.}$$

sein.

In der Zeichnung Figur 13 ist die Gesamtheizfläche eines Überhitzers schematisch dargestellt. Der Verbrennungsgasweg ist durch den Pfeil R gekennzeichnet, der Dampf tritt in der im Gegenstrom liegenden Heizfläche Gg. bei e ein, verläßt dieselbe bei a und geht von dort in die parallel zum Verbrennungsgasstrom liegende Heizfläche Gl. bei E und tritt endlich bei A in die Hauptdampfrohrleitung.

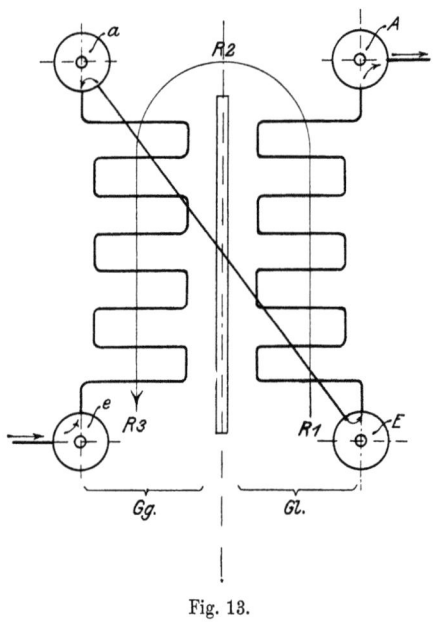

Fig. 13.

Da man es hier mit der nämlichen Gasmenge zu tun hat, fällt das Quantum derselben bei der Berechnung heraus und tritt an dieser Stelle nur seine spezifische Wärme.

Bildet man ferner den Wärmedurchgangskoeffizienten k für die mittlere Temperaturdifferenz pro 1° C., so wird ersichtlich, daß k für die Dampfeintrittsseite viel zu gering ausfällt, was in der aus der Dampfeintrittstemperatur als trocken gesättigter Dampf berechneten Gesamtwärme seinen Grund hat.

Bestimmt man die Zusammensetzung der Verbrennungsgase, die Temperaturen derselben bei R_1, R_2, R_3, ferner die Tempe-

Die Dampfüberhitzerheizfläche. 95

ratur des Dampfes bei e und a Gg. sowie E und A Gl., weiter
den Dampfdruck bei e Gg., E und A Gl., so hat man neben
der Brennstoff- und Wassermessung alle für die Bestimmung
des wahrscheinlichen Nutzeffektes notwendigen Daten.

In einem Versuch wurde beobachtet:

Gleichstromheizfläche	99,5 qm
Gegenstromheizfläche	102,5 -
Stündlich verfeuerte Kohlenmenge	268,5 kg
Stündlich überhitzte Dampfmenge	18 007,5 -
Pro 1 kg Brennstoff überhitzte Dampfmenge	67,01 -
Pro Stunde und qm Heizfläche überhitzte Dampfmenge .	89,15 -
Zusammensetzung des Verbrennungsgases CO_2	12,5 %
O	6,4 -
H_2O	2,1 -
N	79,0 -
Spannung des Dampfes beim Eintritt in den Überhitzer .	14,58 kg abs.
Temperatur desselben	195,9° C.
Gesamtwärme desselben, trocken gesättigten Dampf angenommen	666,249 W. E.
Spannung des Dampfes beim Gegenstromaustritt	14,31 kg abs.
Temperatur des gesättigten Dampfes hierbei	195,0° C.
Gesamtwärme hierbei, trocken gesättigten Dampf vorausgesetzt	665,9 W. E.
Temperatur des überhitzten Dampfes am Gegenstromaustritt	215,9° C.
Überhitzung des Dampfes	20,9 -
Wärmekapazität des Dampfes pro 1 kg	0,499 W. E.
Gesamtwärme des überhitzten Dampfes im Gegenstromüberhitzer	676,411 -
Spannung des Dampfes beim Gleichstromaustritt . . .	14,13 kg abs.
Temperatur des gesättigten Dampfes hierbei	194,4° C.
Gesamtwärme hierbei, trocken gesättigten Dampf vorausgesetzt	665,8 W. E.
Temperatur des Dampfes beim Gleichstromeintritt . . .	214,9° C.
Temperatur des Dampfes beim Gleichstromaustritt . . .	312,8 -
Überhitzung des Dampfes	118,4 -
Wärmekapazität des Dampfes pro 1 kg	0,534 W. E.
Gesamtwärme des überhitzten Dampfes im Gleichstromüberhitzer	729,026 -
Verbrennungsgastemperatur beim Eintritt } aus dem Gleichstromüberhitzer	841,6° C.
desgl. beim Austritt	427,4 -
Wärmekapazität desselben beim Eintritt	0,287 W. E.
desgl. beim Austritt	0,253 -

Verbrennungsgastemperatur beim Eintritt ⎫ aus dem 427,4° C.
desgl. beim Austritt ⎪ Gegenstrom- 243,1 -
Wärmekapazität desselben beim Eintritt ⎬ überhitzer 0,253 W. E.
desgl. beim Austritt ⎭ 0,243 -
Differenz der Verbrennungsgastemperatur im Gleichstromüberhitzer . . . . 414,2° C.
Mittlere Verbrennungsgastemperatur im Gleichstromüberhitzer . . . . 634,5 -
Wärmekapazität hierbei . . . . 0,270 W. E.
Differenz der Verbrennungsgastemperatur im Gegenstromüberhitzer . . . . 184,3° C.
Mittlere Verbrennungsgastemperatur im Gleichstromüberhitzer . . . . 335,2 -
Wärmekapazität hierbei . . . . 0,248 W. E.
Mittlere Temperaturdifferenz δ_m im Gleichstromüberhitzer 302,1° C.
Stündlich pro 1 qm überhitzte Dampfmenge im Gleichstromüberhitzer . . . . 180,87 kg
Stündlich pro 1 qm aufgenommene Wärmemenge im Gleichstromüberhitzer . . . . 9720,85 W. E.
Wärmedurchgangskoeffizient k für 1° Temperaturdifferenz **32,17** W. E.
Mittlere Temperaturdifferenz δ_m im Gegenstromüberhitzer 109,1° C.
Stündlich pro 1 qm überhitzte Dampfmenge im Gegenstromüberhitzer . . . . 175,68 kg
Stündlich pro 1 qm aufgenommene Wärmemenge im Gegenstromüberhitzer . . . . 1785,27 W. E.
Wärmedurchgangskoeffizient k für 1° Temperaturdifferenz **16,36** W. E.

Der Wärmedurchgang stellt sich hiernach mithin im Gegenstromüberhitzer als etwa um $^1/_2$ mal so groß dar wie im Gleichstromüberhitzer.

Es ist nun ferner:

w Gl. = 111,834 W. E.
k Gl. = 53,745 -
w Gg. = 45,706 - und wird hieraus
k Gg. = **21,965** -

Der in den Gegenstromüberhitzer eintretende Dampf hätte mithin 21,965 — 10,162 = 11,803 W. E. pro 1 kg Dampf weniger besessen, d. h. man erhält statt 666,249 W. E. für die Gesamtwärme des eintretenden Dampfes nur 655,446 W. E.

Berechnet man nunmehr nochmals den Wert für k an der Gegenstromseite, so erhält man:

Die Dampfuberhitzerheizfläche.

Mittlere Temperaturdifferenz δ_m im Gegenstromüberhitzer 109,1° C.
Stündlich pro 1 qm überhitzte Dampfmenge im Gegen-
stromüberhitzer . . . . 175,68 kg
Stündlich pro 1 qm aufgenommene Wärmemenge im Gegen-
stromüberhitzer . . . . 3858,81 W. E.
Wärmedurchgangskoeffizient k für 1° Temperaturdifferenz **35,36** -

Stellt man eine Wärmebilanz auf, so erhält man mit und ohne Berücksichtigung (a und b) der Aufdampfarbeit an der Dampfeintrittsseite des Überhitzers folgende Werte:

	a	b
Von 1 kg Dampf aufgenommene Überhitzungswärme	73,580 W. E.	62,777 W. E.
Pro 1 kg Brennstoff überhitzte Dampfmenge	67,01 kg	67,01 kg
Pro 1 kg Brennstoff nutzbar gewonnene Wärmemenge	4920,59 W. E.	4206,68 W. E.
Nutzbarer Heizwert pro 1 kg Brennstoff	7309 W. E.	7309 W. E.
Nutzeffekt der Dampfüberhitzeranlage .	**67,32** %	**57,55** %
Abwärmeverlust	**14,91** -	**14,91** -
Differenzverlust durch Wärmeableitung etc.	**17,77** -	**27,54** -

Aus dieser Wärmebilanz ergibt sich, daß das nach a berechnete Resultat um vieles wahrscheinlicher ist, als das nach b ermittelte.

Würde man annehmen, daß der Wärmedurchgang genau so groß in der Gleichstrom- als auch in der Gegenstromseite des Überhitzers sei, so würde man für den Gleichstromüberhitzer mit k = 32,17 W. E. folgende Werte erhalten:

Stündlich pro 1 qm aufgenommene Wärmemenge im Gegenstromüberhitzer . . . . 3509,74 W. E.
k Gg. wird hieraus zu . . , ... 19,987 -
Gesamtwärme des eintretenden Dampfes demnach . . . 656,433 -
Nutzeffekt der Dampfüberhitzeranlage . . . . **66,55** %

Man erhält mithin nur eine Differenz von 0,77 % in der nutzbar von der Gesamtüberhitzerheizfläche absorbierten Wärmemenge und hat hiermit eine Bestätigung der Wahrscheinlichkeit für die nach diesem Annäherungsverfahren ermittelten Werte.

Fuchs

15. Der Nutzeffekt und der Wärmedurchgang an Speisewasservorwärmerheizflächen.

Das von der Dampfüberhitzerheizfläche in Bezug auf Regelung der Belastungsverhältnisse Gesagte findet ebenfalls direkte Anwendung bei der Ausnutzung der in Verbrennungsgasen noch vorhandenen Restwärme in Speisewasservorwärmern.

Ein Beispiel über die Wärmeabsorption in Ekonomisern möge diesen Teil beschließen.

	Versuch No.	
	1	2
Heizfläche der Vorwärmer	160 qm	448 qm
Versuchs-Dauer	8 Std.	8 Std.
Brennstoff, verfeuert zusammen ..	2341 kg	16464 kg
desgl., pro Stunde	292,6 -	2058,0 -
desgl., Heizwert	7293 W. E.	6751 W. E.
Wasser, vorgewärmt zusammen ..	20352 kg	92394 kg
desgl., pro Stunde	2544 -	15399 -
desgl., pro Stunde und 1 qm Heizfläche	15,90 -	34,41 -
desgl., Temperatur am Eintritt .. } aus den Vorwärmern	36,7° C.	32,6° C.
desgl., Temperatur am Austritt ..	107,0 -	103,8 -
desgl., Temperatur-Differenz ...	70,3 -	71,2 -
Verbrennungsgasquantum pro 1 kg Brennstoff	16,803 kg	17,155 kg
Zusammensetzung des Verbrennungsgases { Kohlensäure .	13,15 Gew.-Proz.	12,26 Gew.-Proz.
Wasserdampf	1,83 -	1,68 -
Stickstoff ..	77,53 -	76,65 -
Sauerstoff .	8,49 -	9,41 -
Temperatur des Verbrennungsgases am Eintritt } aus den Vorwärmern am Austritt	386° C.	300° C.
	150 -	151 -
desgl., Temperaturdifferenz	236 -	149 -

Die Vorwärmerheizfläche.

	Versuch No.	
	1	2
Spez. Wärme des Verbrennungsgases aus den Vorwärmern am Eintritt / am Austritt	0,2667 W. E. 0,2490 -	0,2570 W. E. 0,2461 -
Wärmequantum im Verbrennungsgas aus 1 kg Brennstoff am Eintritt / Austritt aus den Vorwärmern	1332,6 - 672,4 -	1322,6 - 637,4 -
desgl., Differenz im Wärmequantum .	660,2 -	685,2 -
Betriebsverdampfungsziffer pro 1 kg Brennstoff	8,65 kg	7,53 kg
Pro 1 kg Brennstoff vom Vorwärmer zwecks Vorwärmung des Speisewassers aufgenommen	608,0 W. E.	536,1 W. E.
Wärmemengen, absorbiert pro 1 qm Vorwärmerheizfläche	1117,7 -	2449,9 -
Mittlere Temperaturdifferenz . . .	166° C.	144° C.
Wärmeübergangskoeffizient pro 1° Temperaturdifferenz und 1 qm Heizfläche	6,72 W. E.	17,01 W. E.

Hiernach ergibt sich folgende **Wärmebilanz**:

	Versuch No.	
	1	2
In den Verbrennungsgasen vorhandene Wärmemenge	1332,6 W. E. = 100,00 %	1322,6 W. E. = 100,00 %
Von der Heizfläche zur Vorwärmung absorbierte Wärmemenge .	608,0 - = 45,62 -	536,1 - = 40,52 -
Abziehendes Wärmequantum in den Verbrennungsgasen	672,4 - = 50,45 -	637,4 - = 48,19 -
Differenz für Wärmeausstrahlung und Wärmekapazität des Mauerwerks etc. etc. . . .	52,2 - = 3,03 -	149,1 - = 11,29 -

7*

III. Teil.
Die Kontrolle des Kraftgas- und Dampfkessel-Betriebes.

Gemäß der Haupteinteilung des Abschnitts Wärmeerzeugung kann man die Grundsätze einer Kontrolle derselben auch getrennt behandeln, zumal tatsächlich auch wenig Gemeinsames in den beiden hier behandelten Arten der Energie-Umformung anzutreffen ist. Die zur Ausübung von Untersuchungen nötigen Instrumente sowie die für beide Abschnitte gleichen Anteil besitzenden Methoden zur Untersuchung von Brennstoffen sollen jedoch vor Behandlung der Kontrollmethoden selbst hier angeführt werden.

16. Instrumente zu wärmetechnischen Untersuchungen.

Die zur Beurteilung von Vorgängen bei der Wärmeerzeugung und Verwendung nötigen Untersuchungen erstrecken sich auf Temperatur und Druckmessungen, ferner auf die Ermittlung der Zusammensetzung von Brennstoffen, der gebildeten Verbrennungsgase und des Wärmewertes beider. Man versäume nicht, die zur Verwendung kommenden Instrumente untereinander zu vergleichen und ihre Fehler auszumitteln, eine kleine Mühe, welche leider nicht immer vorgenommen wird und zu falschen Schlüssen hinsichtlich erhaltener Versuchsresultate führen kann.

Es können natürlich nicht sämtliche vorhandenen Apparate aufgezählt werden, welche im Handel zu haben sind; die hier erwähnten Instrumente jedoch haben sich durch mehr oder minder lange Tätigkeit bewährt, womit natürlich nicht gesagt sein soll, daß andere, hier nicht aufgeführte Apparatformen untauglich wären.

Man kann ferner die gesamten Instrumente nach der Art ihrer Angaben in zwei Gruppen trennen, in solche, bei welchen der Beobachter gewisse Operationen zur Betätigung des Instruments selbst vornehmen muß, und in solche, welche die auf dasselbe einwirkenden Vorgänge selbsttätig verzeichnen. Gemäß dieser Einteilung sind in den folgenden Ausführungen die einzelnen Apparatformen beschrieben.

a) Temperatur-Messungen.

Zur Bestimmung von Temperaturen bis 500° C. verwendet man vorteilhaft nur gläserne Quecksilberthermometer, welche bei Benutzung in Temperaturen über den Siedepunkt des Quecksilbers unter Druck mit Kohlensäure gefüllt werden, womit die sichere Verwendung bei höheren Temperaturen durch Verzögerung des Siedepunktes gewährleistet ist. Hat man ein im Kaliber vollkommenes Glasrohr und trägt den Fundamentalabstand 0—100° C. in irgend einem Maßstab auf, beispielsweise 100° C. = 100 mm Länge, so liegen die Punkte 200, 300, 400, 500° nicht bei 200, 300, 400, 500 mm vom Nullpunkt ab, sondern infolge der nicht proportionalen Ausdehnung des Quecksilbers in dem Glasrohr nach den Untersuchungen der Physikalisch-Technischen Reichsanstalt bei

200	300	400	500° C =
200,4	304,1	412,3	527,8 mm Länge,

gemessen von dem Temperaturnullpunkt ab. Es ist hierbei vorausgesetzt, daß das Instrument aus dem Jenenser Borosilikatglas 59^{III} ist, und daß dasselbe immer bis zu dem augenblicklich herrschenden Temperaturgrad in das hochtemperierte Medium taucht. Da man bei Verwendung solcher Instrumente zur Bestimmung der Rauchgastemperatur immer nicht angängig machen kann, dasselbe vollkommen bis zum abgelesenen Temperaturgrad einzutauchen, ergeben sich Korrektionen, welche speziell bei langen Thermometern und kurzen Eintauchlängen bedeutend hohe Werte erreichen, 50° C. und darüber. Es ist deshalb in allen Fällen vorzuziehen, dem Verfertiger die Verwendungsart anzugeben, also daß z. B. bei einem Instrument von 1500 mm Länge die Justierung so vorgenommen wird, daß der Nullpunkt bei einer Eintauchtiefe von 1300 mm bestimmt und die übrigen Skalenwerte dementsprechend ausgewertet werden. Bestimmt man Temperaturen mit kürzeren Thermometern, z. B. in Rohrleitungen, welche überhitzten Dampf führen, so kann hierbei eine Korrektur wegen des herausragenden Fadens leicht vorgenommen werden, weshalb eine spezielle Berücksichtigung bei der Justierung der Instrumente unterbleiben kann.

Zur Bestimmung von Temperaturen über 500° C, also etwa bei der Ermittelung der Anfangstemperatur auf dem Rost, hat man in den nach Angaben von Holborn und Wien unter Benutzung eines Vorschlags von Le Chatelier gefertigten Thermoelementen ein äußerst einfaches, betriebsicheres und hohe Genauigkeit gewährleistendes Instrument, welches auf Wunsch von der Physikalisch-Technischen Reichsanstalt untersucht und mit entsprechender Korrektionsnachweisung versehen wird. Dasselbe besteht aus einem Platin- und einem Platinrhodiumdraht, welches die an der Erhitzung der Lötstelle beider entstehenden Thermoströme als Funktion der Temperatur an einem Galvanometer abzulesen gestattet. Die beiden Drähte sind auf schwer schmelzbare Porzellonrohre gewickelt, welche wiederum in Eisen- oder Nickelrohren untergebracht werden. Zweckmäßig umkleidet man letztere mit Asbestschnur oder Schamotteröhren und läßt nur die Lötstelle frei, um das Instrument in der Empfindlichkeit nicht zu beeinträchtigen.

Man kann ferner Thermoelemente, welche zur dauernden Beobachtung herangezogen werden sollen, bequem selber herstellen durch Zusammenschweißen thermoelektrischer Paare, welche man auf einem Porzellanrohr befestigt und dieses gegebenenfalls als Gasabsaugerohr mit benutzt. Bewährt haben sich hier Paare von Eisen und Konstantan; man erhält pro 1^0 Temperaturdifferenz an den Schweißstellen gegenüber den Drahtenden bei Verwendung eines Paares Ausschläge von 0,000053 Volt; um diesen Betrag zu vergrößern, empfiehlt sich die Anwendung von 3 Paar Elementen, welche hintereinander, also auf Spannung geschaltet sind. Pro 1^0 Temperaturdifferenz erhält man dann 0,000159 Volt Ausschlag. Mit einem Millivoltmeter, dessen Meßbereich 100 Millivolt beträgt, kann man auf diese Weise Temperaturen bis über 600^0 C messen. Die Drähte selber muß man durch entsprechende Umhüllungen vor Oxydation schützen, wodurch allerdings die Empfindlichkeit gegenüber unbekleideten Drähten vermindert wird.

Die Verwendung solcher Thermoelemente ist dann besonders angezeigt, wenn z. B. an 5 Stellen Temperaturbeobachtungen gemacht werden sollen; durch entsprechende Umschaltung können diese Messungen dann von einem Platz aus in kürzester Zeit durchgeführt werden. Eine Vergleichung der Angaben der Thermoelemente ist leicht an der Hand eines geprüften Normalthermometers durchführbar, sodaß eine Kontrolle mit einfachen Mitteln ermöglicht wird.

Es sei noch darauf hingewiesen, daß Thermoelemente nicht wie Quecksilberthermometer von einem festen Nullpunkt aus — dem Schmelzpunkt des Eises — messen, sondern nur die jeweilige Temperaturdifferenz zwischen den Drahtenden und den Lötstellen als gemessene Temperatur in Betracht kommt; je nach dem Betrage der umgebenden Luft also muß man zur gemessenen Temperaturdifferenz positive oder negative Werte hinzuführen, um die gleiche Temperatur wie am Quecksilberthermometer zu erhalten.

Zur Umbildung der hier erwähnten Quecksilberthermometer und Thermoelemente zu registrierenden Instrumenten hat man einerseits mit Erfolg die Photographie, andererseits elektromotorische Anzugskraft zur direkten Aufzeichnung der jeweiligen Angaben benutzt.

Von G. A. Schultze, Charlottenburg, sind Quecksilberthermometer, welche bekanntlich in Bezug auf Genauigkeit und Konstanz der Angaben zu den zuverlässigsten Instrumenten für Temperaturmessungen zählen, dadurch zu registrierenden Apparaten umgeformt worden, daß der jeweilige Stand des Quecksilbers in der Glaskapillare selbsttätig photographiert wird. Das auf eine durch ein Uhrwerk gedrehte Trommel gespannte lichtempfindliche Papier wird durch eine Lampe über dem Quecksilberstande belichtet, darunter jedoch nicht. Infolgedessen bleibt der untere Teil des Papierstreifens, die Temperaturangabe enthaltend, weiß, während der obere, nicht vom Quecksilber bedekte Teil des Papiers geschwärzt wird.

Die hier angezogene Registrierung von Voltmetern, welche von Thermoelementen betätigt werden, rührt von der Firma Siemens & Halske her. Ein Uhrwerk bewegt einen Papierstreifen, auf welchem Teilungsintervalle eingedruckt sind.

In bestimmten Zeitunterbrechungen, z. B. minutlich, wird der Zeiger des Millivoltmeters, an welchem die Temperaturangaben abgenommen werden, durch einen Elektromagnet angezogen und durch einen Markierstift im Diagrammpapier der jeweilige Stand aufgezeichnet.

Das punktförmige Diagramm zieht man der besseren Übersicht wegen zu einer Linie aus.

Auf die optischen Pyrometer nach Hempel (gebaut von Franz Schmidt & Haensch-Berlin), nach Wanner (gebaut von Dr. R. Hase-Hannover) nach Siemens & Halske-Berlin sei hier noch hingewiesen.

Für die hier in Betracht kommenden Temperaturmessungen sind Thermoelemente wohl angebrachter.

b) Druck-Messungen.

Druckmessungen werden sowohl an den Gasen als auch am erzeugten Dampf vorgenommen; man bestimmt entweder den Über- oder Unterdruck gegenüber dem atmosphärischen Druck oder aber man ermittelt Druckdifferenzen innerhalb der

Gas- resp. Dampfwege, um Geschwindigkeits- resp. Volumenbestimmungen durchzuführen.

Während man geringere Drücke nach Millimetern Wassersäule auswertet, benutzt man bei größeren Drücken als Einheit 1 kg pro qcm; im Gegensatz hierzu steht die Atmosphäre als Druckeinheit, welcher ein Druck von 760 mm Quecksilbersäule statt 735,51 mm äquivalent 1 kg qro 1 qcm entspricht.

Je nach der Größe des zu messenden Druckes muß man auch verschiedene Instrumentformen zur Anwendung bringen.

Zur Messung kleinster Druckdifferenzen benutzt man Mikromanometer, welche irgend einen zu beobachtenden Wert in einem bestimmten übersetzten Verhältnis angeben.

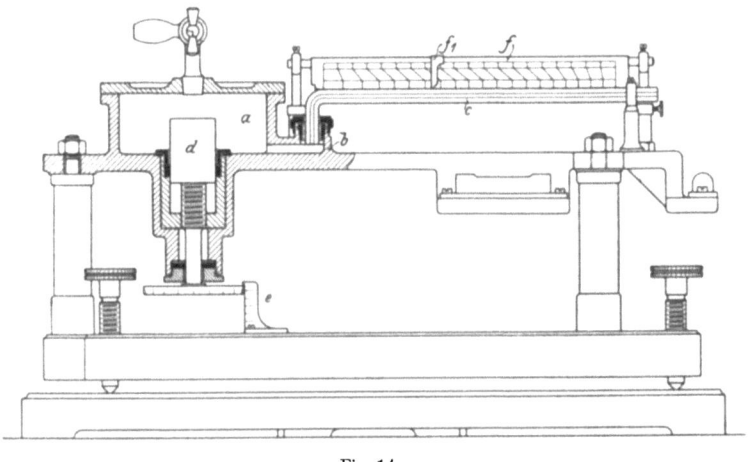

Fig. 14.

Von Krell sind zuverlässige Manometer dieser Art konstruiert worden und zwar nach Prinzipien, welche seiner Zeit von Prof. Recknagel angegeben wurden. Jedoch ist diese Form für die hier in Betracht kommenden Verhältnisse nicht recht verwendbar, weil der Skalenumfang entweder zu klein oder aber bei geringeren Übersetzungen die Angaben zu ungenau werden. Ein den vorwaltenden Verhältnissen angepaßtes Mikromanometer mit veränderlichem Skalenumfang bei gleichbleibender Übersetzung zeigt Figur 14, nach meinen Angaben verfertigt von der Firma G. A. Schultze, Charlottenburg.

Das Mikromanometer besteht aus einer Dose a, welche eine Bohrung von genau 100 mm Durchmesser besitzt; in den Ansatz b ist ein Meßrohr c eingesetzt. Der Boden der Dose a ist mit einem meßbar verschraubbaren Verdrängungskörper d versehen; 10 mm Höhe des Körpers d entsprechen genau dem Volumen von 1 mm Höhe der Dose a.

Die Verschiebung von d wird durch ein Gewinde erreicht, welches eine Ganghöhe von 1 mm Höhe hat; der Kopf des Verdrängers d ist an seiner Peripherie in 100 Teile geteilt; ferner streift an diesen eine vertikal montierte Skala e, welche eine Millimeterteilung trägt.

Das Meßrohr c besitzt gegen die Horizontale eine Neigung im Verhältnis von 1 zu 400, die Skala selbst ist 200 mm lang, d. h. das Meßrohr c umfaßt ein Meßbereich von $1/2$ mm Wassersäule. Das durch eine Längs- und Querlibelle ausrichtbare Manometer wird mit Alkohol vom spez. Gewicht 0,80 als Sperrflüssigkeit bis zum Nullpunkt der Skala f aufgefüllt und zwar, nachdem vorher der Verdränger d soweit hochgeschraubt wurde, daß der geteilte Kopf desselben einen Anschlag am Meßlineal e berührt. Sowohl am Lineal als auch an der Trommel hat man dann die Stellung Null; f_1 ist eine Schiebermarke für das Linial f.

In dieser Anordnung könnte man Druckdifferenzen bis zu $1/2$ mm Wassersäule messen; würde man ferner beispielsweise den Verdränger 5 mm, gemessen an e, herabschrauben, so hätte man, da ja eine Umdrehung 0,1 mm Niveaudifferenz im Manometer bedeutet, die Nulllage der Flüssigkeit nicht beim Nullpunkt der Skala f, sondern $5 . 0,1$ mm $= 0,5$ mm tiefer liegen; in dieser Anordnung könnte man Druckdifferenzen bis zum Betrage von 1 mm messen, wovon die Werte 0,5—1,0 mm im übersetzten Verhältnis gemessen werden könnten. Bei 20 mm Verschiebung des Verdrängers könnte man weiter $2,0 + 0,5 =$

2,5 mm totale Druckdifferenz festlegen und zwar könnten sämtliche Intervalle dieses Meßbereiches mit einer Genauigkeit im Verhältnis der Übersetzung 1 zu 400, d. h. bis auf etwa 0,005 mm genau ermittelt werden. Diese Instrumente können ebenfalls vermöge der Photographie leicht zu registrierenden umgewandelt werden und zwar analog dem Apparat Figur 28.

Eine spezielle Verwendung findet dieses Manometer zum Messen des Gewichtsunterschiedes von Gasen, sei es zur Bestimmung des spezifischen Gewichtes derselben selbst oder sei es auch zur Ableitung des Kohlensäuregehaltes in Verbrennungsgasen etc.

Das von Recknagel angegebene Meßprinzip ist folgendes:

In ein senkrechtes Rohr von bestimmter Länge, z. B. 1 m, wird irgend ein Gas eingefüllt; der eine Schenkel des Differenz-Manometers wird mit dem Rohr verbunden, der andere Schenkel verkehrt mit der atmosphärischen Luft. Hat das in dem Metallrohr eingeschlossene Gas die gleiche Dichtigkeit wie die umgebende Luft, so wird das Manometer keinen Ausschlag zeigen; ist das Gas leichter als Luft, so wird der Ausschlag nach der Seite des eingeschlossenen Gases hin erfolgen und umgekehrt.

Die atmosphärische Luft wiegt bei Normal-Bedingungen pro 1 cbm 1,2912 kg; irgend ein Gas von beispielsweise 1,0000 kg Gewicht pro 1 cbm gibt demnach eine Gewichtsdifferenz von 1,2912−1,0000 = 0,2912 kg.

Bei 1 m Gassäulenhöhe und 1 cbm aber entsprechen 1 kg Gewichtsdifferenz einem Druckunterschied von 1 mm Wassersäule, mithin hat man hier bei analogen Verhältnissen eine Gewichtsdifferenz von $\frac{0,2912 \text{ kg}}{1000}$ = 0,2912 mm Wassersäule. Nimmt man ferner statt 1 m Höhe eine Gassäule von 2 m Höhe, so beträgt die Druckdifferenz beider Gase 2 . 0,2912 = 0,5824 mm Wassersäule; für verschiedene Gasdichten erhält man auf diese Weise bei 2 m Gassäulenhöhe folgende Ausschläge:

Gewicht pro 1 cbm in kg	Druckdifferenz in mm Wassersäule	Gewicht pro 1 cbm in kg	Druckdifferenz in mm Wassersäule
1,25	0,0824	0,85	0,8824
1,20	0,1824	0,80	0,9824
1,15	0,2824	0,75	1,0824
1,10	0,3824	0,70	1,1824
1,05	0,4824	0,65	1,2824
1,00	0,5824	0,60	1,3824
0,95	0,6824	0,55	1,4824
0,90	0,7824	0,50	1,5824

Hat man z. B. ein Generatorgas, dessen Gewicht pro 1 cbm 1,0650 kg beträgt, so würde ein Druckunterschied von $\sim$ 0,4524 mm Wassersäule resultieren. Man würde den Verdränger d des Mikromanometers demnach bei der Messung auf 4 mm einstellen, die Flüssigkeit würde dann noch um den Betrag $(0,4524 - 0,4000) \times 400 = 20,9$ mm auf der Skala ansteigen.

Ein vollständiger Apparat zu solchen Messungen, ausgeführt von der Firma G. A. Schultze, Charlottenburg, ist in Figur 15 dargestellt. Neben der gleichen Bezeichnung der Buchstaben für das Mikromanometer analog Figur 14 hat man weiter die Gasabfangvorrichtung in g, einem Metallrohr, welches oben und unten vermöge mit Stange h gekuppelter Hähne verschlossen werden kann.

Die Verbindung des Mikromanometers mit g geschieht in der gezeichneten Weise, wenn das Gas in g leichter wie Luft ist; tritt der umgekehrte Fall ein, so muß der mit dem Meßrohr verbundene Schlauch nach g an das Schlauchstück der Dose a befestigt werden. Durch Betätigung eines Gummiaspirators l gelangt irgend ein zu untersuchendes Gas durch ein Filter k nach dem Rohr g. Die Hahnstellung in dieser Ansaugelage zeigt y; hat man genügend Gas angesaugt, so legt man die Hähne in Lage z um.

Hierdurch gelangt nun das in g befindliche Gas in Wirkung auf das Mikromanometer, welches je nach der Dichtigkeit des

Druck-Messungen. 109

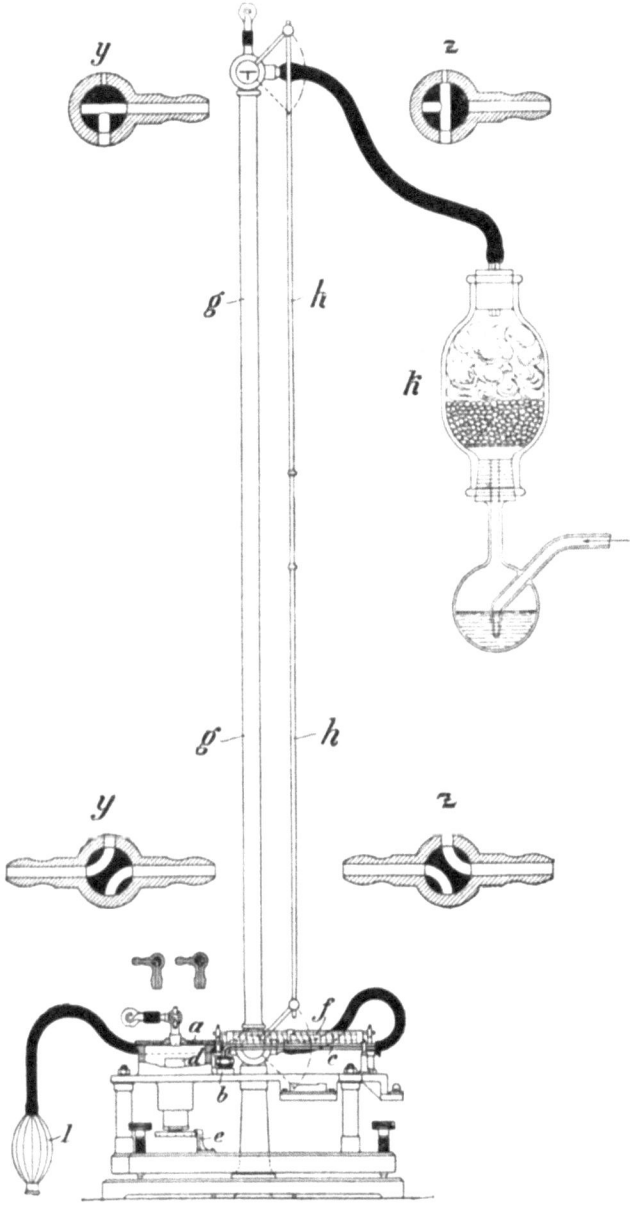

Fig. 15.

Gases gegenüber der der Luft in diesem oder jenem Sinne ausschlagen wird.

Druckdifferenzen von 10 und mehr Millimetern können entweder in Manometern aus kommunizierenden Glasröhren mit dahinter befindlicher Skala bestehend oder aber genauer im übersetzten Verhältnis unter Anwendung von Flüssigkeiten verschiedenen spezifischen Gewichts, Gefäßen verschiedenen Querschnitts etc. bestimmt werden.

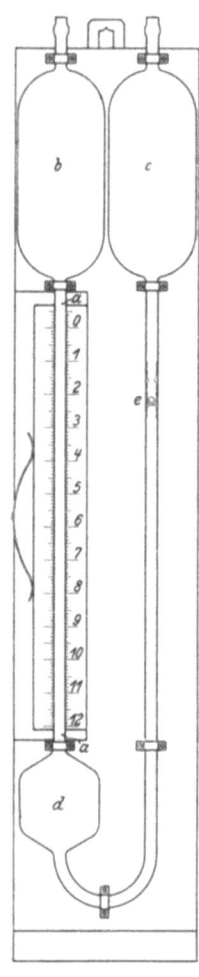

Fig. 16.

Ein vorzügliches Instrument dieser Gattung ist das von G. A. Schultze gebaute Manometer nach Dr. Rabe Figur 16. Die Empfindlichkeit läßt sich innerhalb weiter Grenzen variieren. Zwei Manometerflüssigkeiten von nahezu gleicher Dichtigkeit, verwendet wird meist eine Karbolsäurelösung in zwei Konzentrationen, bilden an ihrer Trennungsstelle im oberen Teile des Manometerschenkels a den Nullpunkt der Messung. Erfolgen Druckschwankungen auf die größeren Querschnitt besitzenden Gefäße b oder c, so wird der Nullpunkt in a im Verhältnis der Querschnitte von b und c zu a verschoben, wodurch man den Betrag der Messung vergrößertablesen kann.

Um bei Druckstößen etc. ein Vermischen der beiden Flüssigkeiten zu verhindern, sind Drosselungsvorrichtungen in Form einer Erweiterung bei d und einer Verengung e angebracht.

Als Zeiger-Instrumente sind Manometer für diese Druckdifferenzen ebenfalls vielfach in Anwendung. Man benutzt namentlich zwei Methoden, um Druckunterschiede messend auf einen Zeiger einwirken zu lassen, einmal die Störung des

Gleichgewichtes von Flüssigkeitsniveaus, womit Variationen in den Höhenlagen schwimmend montierter Gegenstände verbunden sind, das andere Mal durch Einwirkung von Druckdifferenzen auf dünne, leichte Metallfedern, speziell Plattenfedern, welche eine Verdrehung des Zeigers durch Hebelübersetzung herbeiführen.

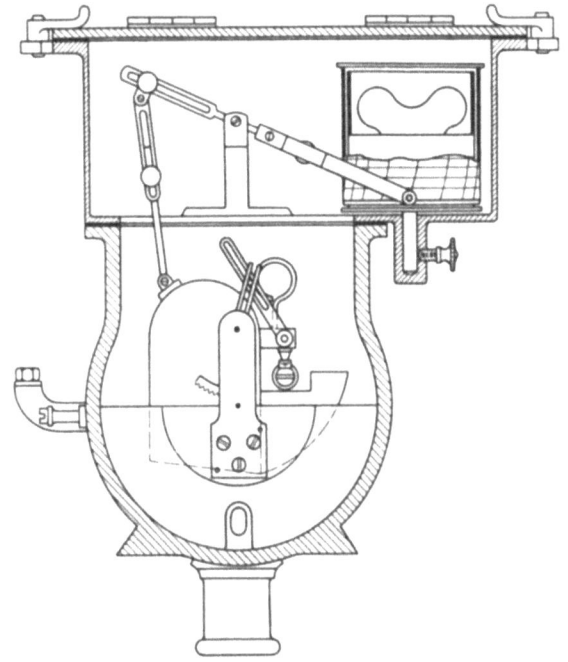

Fig. 17.

Es kann hier als Beispiel auf den Zugmesser nach Dürr, gebaut von der Firma G. A. Schultze, Charlottenburg, Figur 17, mit Registriereinrichtung und auf den Zugometer nach Schubert, gebaut von der Firma Max Schubert, Chemnitz, Figuren 18 und 19, hingewiesen werden.

Beide Instrumentgruppen können bequem zu registrierenden Apparaten ausgebildet werden, beide haben, untereinander betrachtet, gewisse Nachteile und Vorteile gegeneinander, so-

112 Die Kontrolle des Kraftgas- und Dampfkessel-Betriebes.

daß bei der Auswahl sowohl Geschmack als auch Preis allein den Ausschlag geben werden. Während z. B. die Flüssigkeit in einem Instrument, wenn auch langsam, verdampft, hat man im anderen Fall ein als Funktion der Zeit auftretendes Nachlassen der Spannkraft der Plattenfeder u. s. w.

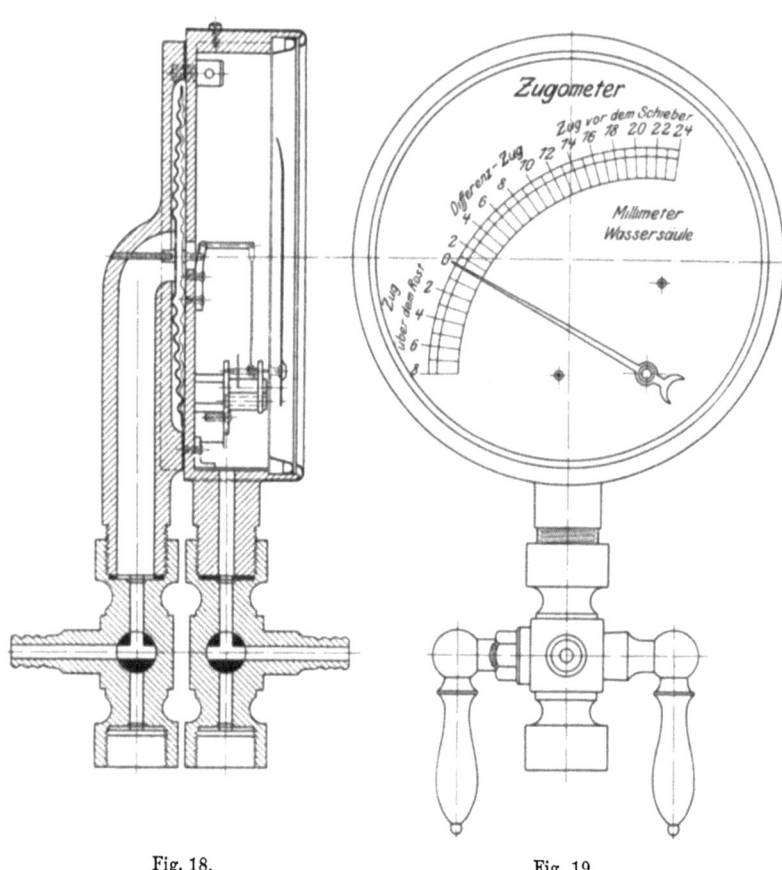

Fig. 18. Fig. 19.

Zur Untersuchung von Druckdifferenzen unter hohem Druck, z. B. bei Dampfgeschwindigkeitsmessung in Dampfleitungen, hat man besonders konstruierte Manometer zu verwenden, welche einmal den hohen Druckkräften genügend

Widerstand leisten können und ferner befähigt sind, selbst kleine Druckdifferenzen messend erkennen zu lassen.

In Figur 20 ist ein hierzu geeignetes Instrument abgebildet; die Hähne sind durch einen Lenker gemeinschaftlich verbunden, um gleichzeitig geöffnet und geschlossen werden zu können.

Als Manometerflüssigkeit wendet man entweder Quecksilber, Chloroform, spezifisches Gewicht 1,526, Schwefelkohlenstoff, spezifisches Gewicht 1,292, Anilin etc. an, Substanzen, die schwerer als Wasser und unlöslich in demselben sind. Der

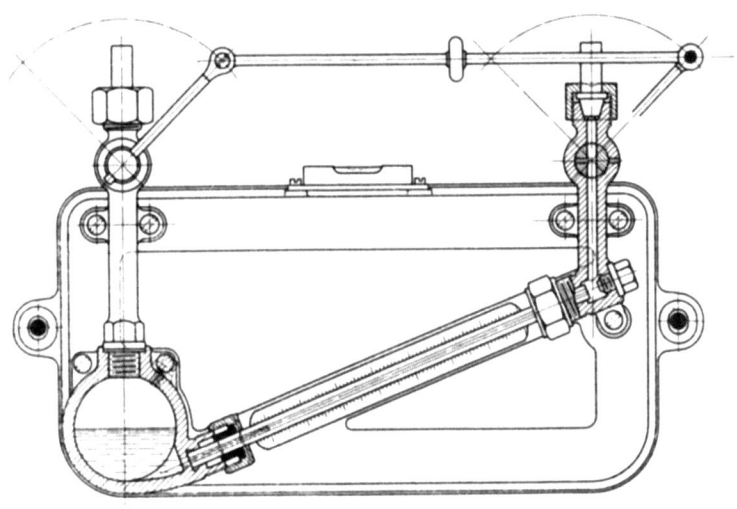

Fig. 20.

Raum über diesen Flüssigkeiten füllt sich von selbst mit Wasser, herrührend aus dem kondensierten Dampf, an. Es ist vorteilhaft, in den Rohrleitungen zum Manometer vor den Hähnen zwei gleichdimensionierte Schleifen anzubringen, in welche sich Fremdkörper aus der Hauptdampfleitung absetzen können und so nicht in die Meßrohre gelangen.

Für den gleichen Zweck (Bestimmung der Dampfgeschwindigkeit in Rohrleitungen) ist neuerdings auch von Gehre in Rath bei Düsseldorf ein Instrument angegeben worden, welches sicher funktioniert und leicht zu bedienen ist.

Aus der Drosselung des Dampfes wird die Geschwindigkeitsmessung abgeleitet. Man schaltet zwischen 2 Flansche einer Leitung eine Scheibe, deren Durchgang kleiner ist als der Durchmesser der Rohrleitung, und mißt bei durchströmendem Dampf die Aufstau- und die Unterpressung vor und hinter derselben durch zwei Röhrchen, welche in einen sogenannten Regulator münden; letzterer besteht aus zwei getrennten, mit Wasser gefüllten Räumen, welche mit einem Quecksilbermanometer kommunizieren. Das Meßprinzip ist ähnlich dem von Recknagel angegebenen und von Krell für Gasgeschwindigkeitsmessung weiter ausgebauten Verfahren. Das Instrument kann auch zu einem registrierenden gemacht werden.

Der Überdruck nach kg pro qcm endlich wird durchweg mit den bekannten Federmanometern gemessen, welche bequem mit einem Kontrollinstrument verglichen werden können und auch leicht zu Registrierinstrumenten umzubilden sind.

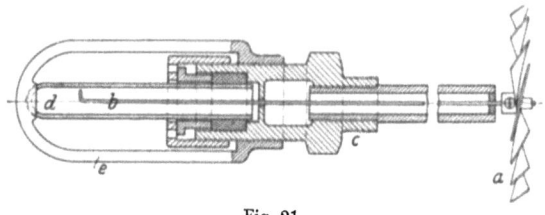

Fig. 21.

Auf Messung von Druckdifferenzen beruht endlich auch das in Figur 21 dargestellte Instrument zur Bestimmung der Zirkulationsrichtung und Größe des zu verdampfenden Wassers im Röhrenkessel; die in dem Versuch auf Seite 72 angegebenen Geschwindigkeitswerte sind hiermit gemessen worden. Der Apparat besteht aus dem Flügelrad a, welches auf eine Achse b gesetzt ist. Die Verschraubung c wird in die Öffnung der Rohrwand eines Dampfkessels verschraubt. Das Glasrohr d wird durch eine Stopfbüchse und Rahmen e gehalten, im Betriebe füllt sich der ganze Raum mit Wasser an.

An der umgebogenen Spitze der Achse b erkennt man sowohl die Richtung des auf a einwirkenden Wasserstromes als auch die Geschwindigkeit desselben durch Bestimmung der Tourenzahl pro Zeiteinheit. Die Vorrichtung rührt von L. u. C. Steinmüller, Gummersbach, her.

c) Die Gaszusammensetzungsmessung.

Auch hier kann unterschieden werden in Apparate, welche für einzelne Untersuchungen verwandt werden und einer persönlichen Bedienung des jeweiligen Beobachters bedürfen, und in solche, welche für die laufende Betriebskontrolle kontinuierlich arbeiten und die gewonnenen Resultate in einem Diagramm selbsttätig aufzeichnen.

Je nach der Art der Wirkungsweise des Instruments kann man die kontinuierlich arbeitenden Apparate weiter einteilen in eine Klasse, welche durch chemische Reaktionen, und in eine Klasse, welche durch physikalische Zustandsänderungen arbeitet.

Zur Bestimmung von Kohlensäure, Kohlenoxyd, Äthylen, Wasserstoff, Sauerstoff, Produkten der Vergasung, Entgasung oder unvollkommenen Verbrennung von Brennstoffen also, kann der in Figur 22 dargestellte Apparat benutzt werden.

Man kann diese Gasbildner in Bezug auf ihre Bestimmbarkeit trennen in solche, welche durch Absorption, und in solche, welche durch Verbrennung und Festlegung der Verbrennungsprodukte ermittelt werden können.

In dem hier beschriebenen Apparat werden durch Absorption Kohlensäure, Sauerstoff und Äthylen ermittelt, während durch Verbrennung Kohlenoxyd, Methan und Wasserstoff festgelegt werden. Man kann nun z. B. auch durch ammoniakalische Kupferchlorürlösung Kohlenoxyd absorbieren, ferner Wasserstoff katalytisch mit feinzerteiltem Palladium abscheiden etc., jedoch ist es am einfachsten, in der vorerwähnten Weise zu verfahren, weil die anderen Methoden sowohl mehr Zeitaufwand als auch eine umständlichere Apparatur erfordern.

Die Absorptionsmittel der einzelnen Gasbestandteile sind folgende: für Kohlensäure findet Kalilauge Verwendung, für

Sauerstoff wird alkalische Pyrogallollösung und für Äthylen rauchende Schwefelsäure in Anwendung gebracht. Die Verbrennung von Kohlenoxyd, Methan und Wasserstoff wird unter Zuhilfenahme atmosphärischen Sauerstoffs durchgeführt. Das Gas wird zu diesem Zweck mit Luft vermischt und sowohl das Gas als auch das Luftquantum durch Messung bestimmt. Da der Sauerstoffgehalt der atmosphärischen Luft konstant ist ($\sim$ 21 Vol.-Proz. Sauerstoff und $\sim$ 79 Vol.-Proz. Stickstoff) ist der Gehalt an freiem Sauerstoff im hinzugebrachten Luftquantum leicht berechenbar. Nach der Verbrennung bestimmt man wieder das Gesamtgasvolumen, ermittelt die gebildete Kohlensäure und mißt noch den überschüssigen, freien Sauerstoff. Die hierbei auftretenden Reaktionen lassen sich, wie folgt, darstellen:

$$CO + O = CO_2$$
2 Volumen Kohlenoxyd + 1 Volumen Sauerstoff = 2 Volumen Kohlensäure;

die Kontraktionsgröße hat hier den Wert von $1/2$.

$$CH_4 + 4O = CO_2 + 2H_2O$$
2 Volumen Methan + 4 Volumen Sauerstoff = 2 Volumen Kohlensaure;

das Wasser kondensiert, die Kontraktionsgröße hat hier den Wert von 2.

$$H_2 + O = H_2O$$
2 Volumen Wasserstoff + 1 Volumen Sauerstoff = $3/2$ Volumen Wasser,

die Kontraktionsgröße hat hier den Wert von $3/2$.

Man hat demnach die Summen Σ der einzelnen Kontraktionsgrößen zu

$$\Sigma = 1/2\, CO + 3/2\, H + 2\, CH_4,$$

das Gesamtvolumen V zu

$$V = CO + H + CH_4$$

und die Summa der gebildeten Kohlensäure CO_2 zu

$$CO_2 = CO + CH_4,$$

endlich die Mischungsverhältnisse untereinander zu

Kohlenoxyd CO $= 1/3\, CO_2 + V - 2/3\, \Sigma$ . . . . 40)
Wasserstoff H $= V - CO_2$ . . . . 41)
Methan CH_4 $= 2/3\, CO_2 - V + 2/3\, \Sigma$ . . . . 42)

Die Gasanalyse.

In dem endstehenden Beispiel ist die Verwertung dieser Ansätze klargelegt.

Zur Beschreibung des Apparates selbst übergehend muß auf die Figur hingewiesen werden.

Nach den Funktionen der einzelnen Apparatbestandteile kann man unterscheiden: die Gasmeßvorrichtung, die Absorptionsvorrichtung und die Gasverbrennungsvorrichtung. Die Gasmeßvorrichtung besteht aus einem kalibrierten Rohr a, einem Nieveaurohr b und dem Druckgefäß c, die Bürette ist an beiden Enden mit Dreiwegehähnen versehen; der obere Hahn ist im Meßrohr eingeschliffen; es ist diese Anordnung notwendig, um eine sichere und schnelle Reinigung vornehmen zu können; der untere Dreiwegehahn verkehrt durch einen Gummischlauch sowohl mit dem Niveaurohr b als auch mit dem Druckgefäß c. Die Gasansaugevorrichtung d ist ferner hier angebracht.

Das Gas gelangt durch ein mit Filtermaterial gefülltes Rohr e, passiert die Bürette a und tritt bei Betätigung der Ansaugevorrichtung d und entsprechender Stellung beider Dreiwegehähne durch d aus. Die Teilung auf a beginnt am oberen Hahn und ist in ccm durchgeführt, die einzelnen Teilintervalle entsprechen je 0,2 ccm; die Bezifferung der Volumina ist doppelt angebracht und zwar liegt auf der einen Seite der Nullpunkt am oberen, auf der anderen Seite am unteren Dreiwegehahn. Das Druckgefäß c gleitet über eine Schnurrolle und kann durch eine Klemmvorrichtung in jeder beliebigen Lage fixiert werden.

Um das Einstellen des Gasquantums in der Bürette bequem unter atmosphärischem Druck ausführen zu können, ist ein auf a und b verschiebbares Ableselineal f angebracht.

Die Absorptionsvorrichtung besteht aus 3 Absorptionsgefäßen g, dieselben setzen sich zusammen aus einem eigentlichen Reaktionsraum, in welchen ein Überlaufgefäß eingeschliffen ist; letzteres trägt am Hals einen Hahnstöpsel zum Absperren des Hinzutritts atmosphärischer Luft zur Absorptionsflüssigkeit. Von oben nach unten gezählt, befinden sich im ersten Gefäß Kalilauge, im zweiten alkalische Pyrogallollösung,

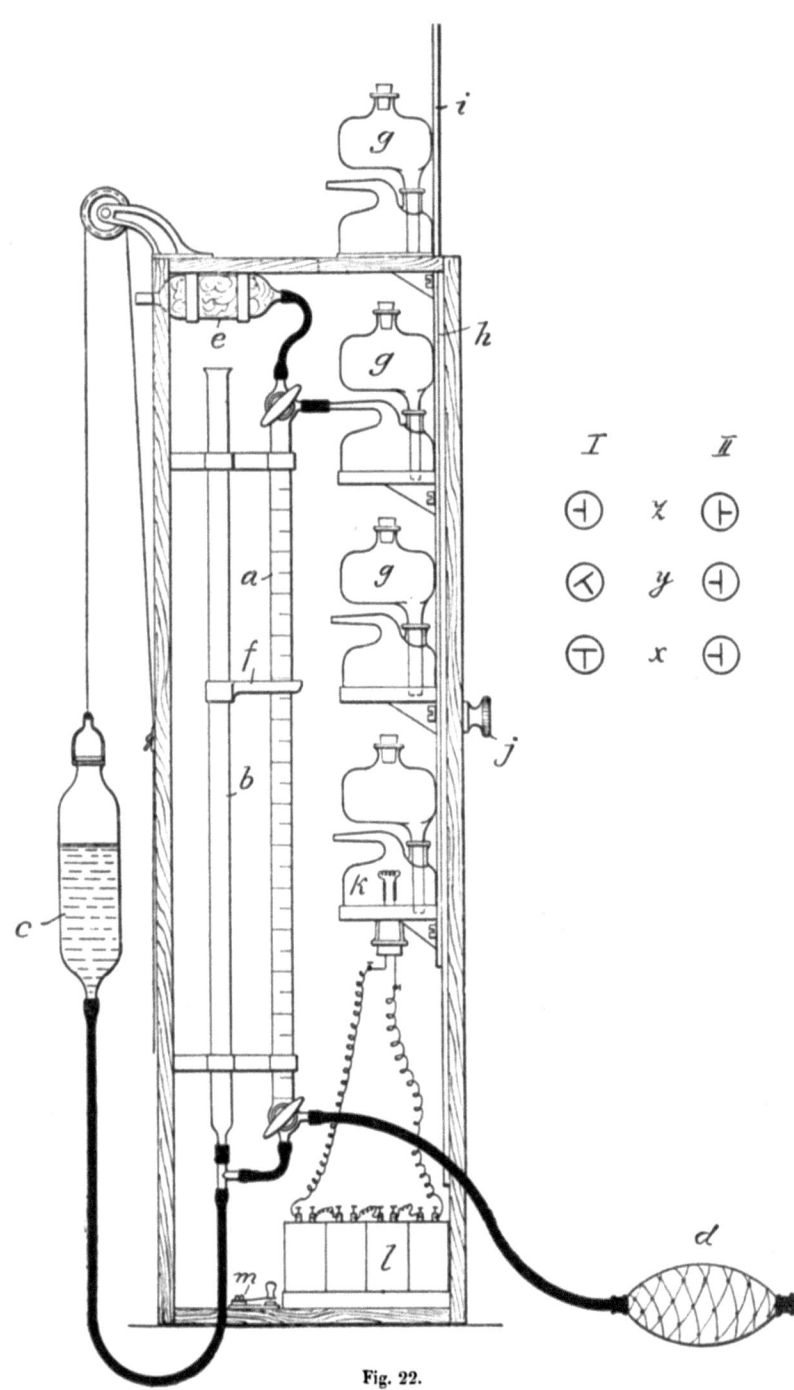

Fig. 22.

im dritten Gefäß endlich rauchende Schwefelsäure. Sämtliche Reagentien werden bis zum schwach nach oben gebogenen Kapillarrohransatz des Absorptionsgefäßes aufgefüllt.

Sowohl die Absorptions- als auch Gasverbrennungsvorrichtungen sind in metallene Teller federnd befestigt, welche ihrerseits auf eine schwalbenschwanzförmige Metallschiene h montiert sind. Diese gleitet in ein am Apparatkasten befestigtes Metallbett h; eine Klemmschraube j gestattet, die Gleitschiene i in jeder gewünschten Lage zu fixieren. Man kann auf diese Weise sicher und in kurzer Zeit sowohl das Kalilaugenabsorptionsgefäß als auch das Gefäß mit rauchender Schwefelsäure etc. mit dem oberen Dreiwegehahn der Bürette a verbinden, um eine Absorption vorzunehmen, und benötigt hierzu nur eines einzigen kurzen, dickwandigen Gummischlauches, welcher die fast bündig liegenden Kapillaren der zu verbindenden Gefäße überdeckt.

Es sind hiermit bei schnell erfolgender und präziser Verbindung von Meß- und Absorptionsgefäß Gummiverschlüsse auf das denkbar geringste Minimum reduziert.

Die Gasverbrennungsvorrichtung besteht aus einem den Absorptionsgefäßen ähnlichen Behälter K, welcher am Boden einen eingeschliffenen Stopfen besitzt; in diesen sind gasdicht und isoliert zwei Polenden untergebracht, welche oben durch einen dünnen, spiralig aufgewundenen Platindraht kurz geschlossen sind. Zwei am unteren Ende des Gefäßes befindliche Polklemmen gestatten durch Drähte eine Verbindung mit der Stromquelle l herzustellen. Diese besteht aus 8 kleinen Trockenelementen, wie solche für Meßbrücken etc. verwandt werden, die Schaltung ist hintereinander, also auf Spannung, angeordnet. Ein Stromschlüssel m gestattet das Ein- und Ausschalten des Stromes; bei durchfließender Elektrizität gelangt die Platinspirale in weißglühenden Zustand, wodurch Entzündungen von brennbaren Gasen, welche die Spirale umgeben, eingeleitet werden können. Der Apparat ruht auf einem metallenen Stativ, welches leicht durch Lösen einiger Verschraubungen entfernt werden kann, das ganze Instrumentarium

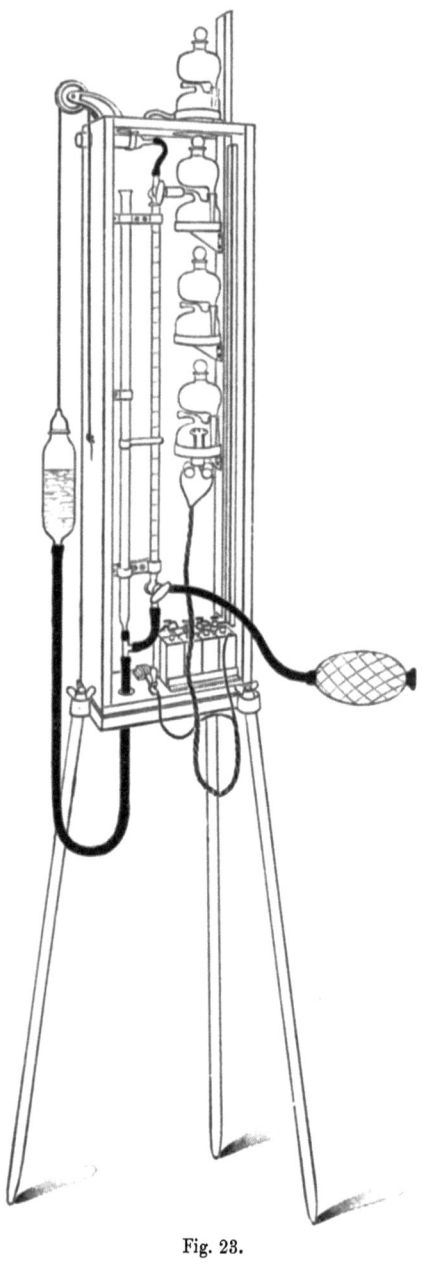

Fig. 23.

ist in einem mit Schiebedeckeln armierten Kasten untergebracht, welcher in einem am oberen Teil angeordneten Handgriff erfaßt, bequem und sicher transportiert werden kann.

Die Gesamtanordnung des Apparates zeigt Fig. 23.

Die Handhabung des Instrumentes möge an einem Beispiel illustriert werden.

Nachdem das Druckgefäß c zu $^2/_3$ mit Wasser angefüllt ist, stellt man durch Heben desselben die Flüssigkeit so ein, daß dieselbe gerade bis an den unteren Dreiwegehahn der Bürette steht. Nunmehr verbindet man das Glasrohr des Filters e mit der Gaszuleitung, aus welcher Gasproben entnommen und analysiert werden sollen. Die Absorptionsflüssigkeiten, Kalilauge, Pyrogallol und Schwefelsäure, sind bis zu den an den Gefäßen geschmolzenen Kapillaransätzen aufgefüllt, ebenso ist das Verbrennungsgefäß mit dem gleichen Quantum luftfreien Wassers beschickt.

Die Gasanalyse. 121

In der ersten Phase der folgenden Untersuchung wird das zu beobachtende Gas angesaugt. Die Dreiwegehahnstellen (in Figur 22 bedeutet *I* oberer, *II* unterer Hahn der Bürette *a*) befinden sich hierbei in Stellung *z*. Beim Zusammendrücken des Saugers *d* gelangt das Gas aus dem Gaskanal durch das Filterrohr, passiert die Bürette und gelangt endlich durch *d* ins Freie. Nachdem man auf diese Art Gas angesaugt hat, dreht man Hahn *II* in Stellung *y*, hebt das Druckgefäß *c* etwas an, sodaß die Sperrflüssigkeit innerhalb der Teilung der Bürette *a* tritt, und schließt den oberen Hahn gemäß der Stellung *y* der Figur. Das Gas ist nunmehr in der Bürette *a* eingeschlossen und kann jetzt mit der Bestimmung des Volumens desselben begonnen werden. Zu diesem Zweck verschiebt man das Druckgefäß so lange, bis das Niveau der Sperrflüssigkeit sowohl in *a* als auch in *b* gleich hoch steht; um diese Operation möglichst schnell und genau durchzuführen, benutzt man zur Einstellung das Ableselineal *f*. Nachdem man sich von der Konstanz des über der Sperrflüssigkeit abgegrenzten Gasvolumens überzeugt hat, liest man an der Teilung ab; das Volumen beträgt 94,8 ccm. Man verbindet nun das mit Kalilauge gefüllte erste Absorptionsgefäß mit dem Kapillaransatz des oberen Dreiweghahnes, stellt die Hähne *I* und *II* in Stellung *x* der Figur, hebt das Druckgefäß *c* langsam so hoch, bis die Sperrflüssigkeit an den oberen Hahn tritt und treibt hierdurch das gesamte Gas in den Absorptionsraum.

Nach Beendigung der Absorption senkt man das Druckgefäß *c* langsam und stellt den oberen Dreiwegehahn, nachdem die Absorptionsflüssigkeit wieder bis in die Kapillarröhre des Gefäßes *g* gelangt ist, in Stellung *y*. Wiederum ist nun durch entsprechendes Heben oder Senken des Druckgefäßes *c* das Niveau des Sperrwassers in den Röhren *a* und *b* gleichzumachen und sodann abzulesen. Man erhalte hier 90,2 ccm. Jetzt entfernt man die kurze Schlauchverbindung zwischen *a* und *g* schiebt nach Lösen der Klemmschraube *j* den Schlitten *i* soweit in die Höhe, daß das zweite, alkalische Pyrogallollösung enthaltende Absorptionsgefäß bündig mit dem oberen Dreiwegehahn ist.

Nach erfolgter Festklemmung der Gleitschiene und Verbinden mit dem Gummischlauch stellt man die Hähne in Stellung x und führt die Absorption und Messung genau in der soeben geschilderten Weise aus.

Am Ende der Reaktion erhalte man hier 89,9 ccm. In gleicher Art ermittelt man den Gehalt an Äthylen vermittelst rauchender Schwefelsäure. Man erhalte 89,7 ccm.

Es verbleiben jetzt noch die brennbaren Substanzen. Man muß zu diesem Zweck das Gas mit Sauerstoff mischen, um eine Verbrennung herbeiführen zu können, und zwar wird dieser am bequemsten aus der atmosphärischen Luft entnommen.

Wollte man den ganzen Gasrest von 89,7 ccm verbrennen, so würde man hierzu mehr Luft benötigen, als die Bürette aufzunehmen im stande ist. Deshalb läßt man etwas Gas heraus und erhält schließlich beispielsweise 34,2 ccm. Durch Senken des Druckgefäßes c und Stellung des Hahnes I in Lage x läßt man Luft in a eintreten und bringt den Hahn I wieder in Stellung y; nach dem Messen erhält man beispielsweise 70,9 ccm, bestehend aus 34,2 ccm Gas und $(70.9 - 34.2) =$ 36,7 ccm atmosphärische Luft. Man schiebt jetzt die Gleitschiene so hoch, daß das letzte (Verbrennungs-) Gefäß K mit dem Kapillaransatz des oberen Dreiwegehahnes verbunden werden kann, bringt den Hahn I in Stellung x und schaltet durch den Tasterschlüssel m den elektrischen Strom aus Batterie l ein, hierdurch die Platinspirale in Weißglut versetzend. Bei langsamem Anheben des Druckgefäßes c läßt man gleichzeitig das Gas aus der Bürette in das Verbrennungsgefäß treten, die brennbaren Substanzen CO, CH_4 und H_2 verbrennen hierbei vollkommen zu CO_2 und H_2O. Man wiederholt diese Operation, bis man sicher ist, daß das ganze Gasquantum verbrannt ist; einen Maßstab hierfür hat man in der hintereinander folgenden Ablesung zweierlei Verbrennungen ein und desselben Gases; es ist alles verbrannt gewesen, sobald beide Ablesungen gleichen Wert ergeben haben.

Die nach Beendigung der Verbrennung sich ergebende Kontraktion betrage 12,6 ccm, entsprechend einem Stand von 58,3 ccm.

Die Gasanalyse.

Nunmehr verbindet man das erste Absorptionsgefäß mit der Bürette und bestimmt die gebildete Kohlensäure. Man erhalte 6,2 ccm, entsprechend einem Stand von 52,1 ccm.

Weiter bestimmt man unter Zuhilfenahme des zweiten Absorptionsgefäßes den noch vorhandenen, aus der zugesetzten atmosphärischen Luft herrührenden Sauerstoff; man erhalte 1,2 ccm, entsprechend einem Stand von 50,9 ccm.

Zur Berechnung der Zusammensetzung des untersuchten Gases sind jetzt alle Daten gegeben; im Anschluß an die eingangs gegebenen Erläuterungen erhält man:

Ursprünglich verwandte Gasmenge . . . . 94,8 ccm
Nach Absorption der Kohlensäure . . . . 90,2 - —4,6 ccm CO_2
  -     -   von Sauerstoff . . . . . 89,9 - —0,3 - O_2
  -     -   - Äthylen . . . . . . 89,7 - —0,2 - C_2H_4.

Zum Verbrennen benutzte Gasmenge . 34,2 ccm   ⟋ 29,0 ccm N
Hinzukommende Luft . . . . . . 36,7 - · · · ⟋   7,7 - O
Gas und Luftmenge zusammen . . . 70,9 ccm   ⟍ 36,7 ccm Luft

Volumen nach der Verbrennung 58,3 ccm, mithin $\Sigma = (70,9-58,3) = 12,6$ ccm
  -   - Bestimmung der
  gebildeten Kohlensäure . . 52,1 -   - $CO_2 = (58,3-52,1) = 6,2$ -
Volumen nach Bestimmung des
  Sauerstoffs . . . . . . 50,9 -
Volumen des vorhandenen Stick-
  stoffs . . . . 29,0 -
Verhält man demnach zu . . 21,9 ccm $(34,2-21,9) = V = 12,3$ ccm.

$$CO = \tfrac{1}{3} CO_2 + V - \tfrac{1}{3} \Sigma$$
$$2,0 \quad + 12,3 - 8,4 = 5,9 \text{ ccm}$$
$$H_2 = V - CO_2$$
$$12,3 - 6,2 = 6,1 \text{ -}$$
$$CH_4 = \tfrac{2}{3} CO_2 - V + \tfrac{2}{3} \Sigma$$
$$4,0 \quad - 12,3 + 8,4 = 0,1 \text{ - .}$$

In Prozenten berechnet, erhält man also:

Kohlensäure . . . . 4,8 % CO_2
Sauerstoff . . . . 0,3 - O_2
Äthylen . . . . 0,2 - C_2H_4
Kohlenoxyd . . . . 17,2 - CO
Wasserstoff . . . . 17,8 - H_2
Methan . . . . 2,9 - CH_4
Stickstoff als Differenz . . . 56,8 - N_2
    zusammen 100,0 %.

Unter Anwendung der eingangs aufgeführten Tabelle Seite 22 berechnet sich weiter der Brennwert des Gases pro 1 cbm zu

CO_2 . . . . W. E.

O_2 . . . . -

$C_2H_4 \quad \dfrac{16922 \times 0{,}3}{100}$ . . . . 33,84 -

$CO \quad \dfrac{3069 \times 17{,}2}{100}$ . . . . 527,86 -

$H_2 \quad \dfrac{2579 \times 17{,}8}{100}$ . . . . 459,06 -

$CH_4 \quad \dfrac{8509 \times 2{,}9}{100}$ . . . . 246,76 -

N_2 . . . . -

zusammen 1267,52 W. E.

Heizwert pro 1 cbm Gas = 1268 W. E.

Zum Schluß sei noch auf die im Minimum nötige Menge zuzusetzende atmosphärische Luft zwecks Gasverbrennung hingewiesen; man nimmt auf 1 ccm Gas bei

Generatorgasen = $\sim$1,1 ccm Luft
Mischgasen (Halbwassergas) = $\sim$1,5 - -
Wassergas = $\sim$3,6 - - .

Zur Ermittelung des Kohlensäure- oder Sauerstoffgehaltes der Verbrennungsgase kann der in Figur 24 dargestellte Apparat etc. dienen. Die Gasbürette a, welche 50 oder 100 ccm Inhalt besitzt, ist von einem Zylinder umgeben, in welchem eventuell Wasser zur Vermeidung von größeren Temperaturschwankungen befindlich ist. Eine Luftumhüllung ist jedoch in den meisten Fällen allein genügend ausreichend, da Temperaturvariationen zwischen Anfang und Ende der Absorption selten auftreten. Der Endpunkt der Gasbürette, 50 oder 100 ccm Volumen vom Nullpunkt besitzend, wird durch den Schlüssel des Dreiweghahnes b begrenzt. Unterhalb des Nullpunktes an der Bürette ist ein Schlauchstück angeblasen und verbindet ein Gummirohr c dieselbe mit der Wasser als Sperrflüssigkeit enthaltenden Druckflasche d. Die Absorptionsgefäße f bestehen aus zwei zylindrischen Glaskörpern, welche durch ein Rohr leitend miteinander verbunden sind. Das Unterteil ist durch Hahn *g* verschließbar, welcher in ein kurzes mit Schlauchstück versehenes kapillares Rohr endet; man füllt dasselbe zur Vermehrung der Absorptionsoberfläche mit Glasröhren oder Glas-

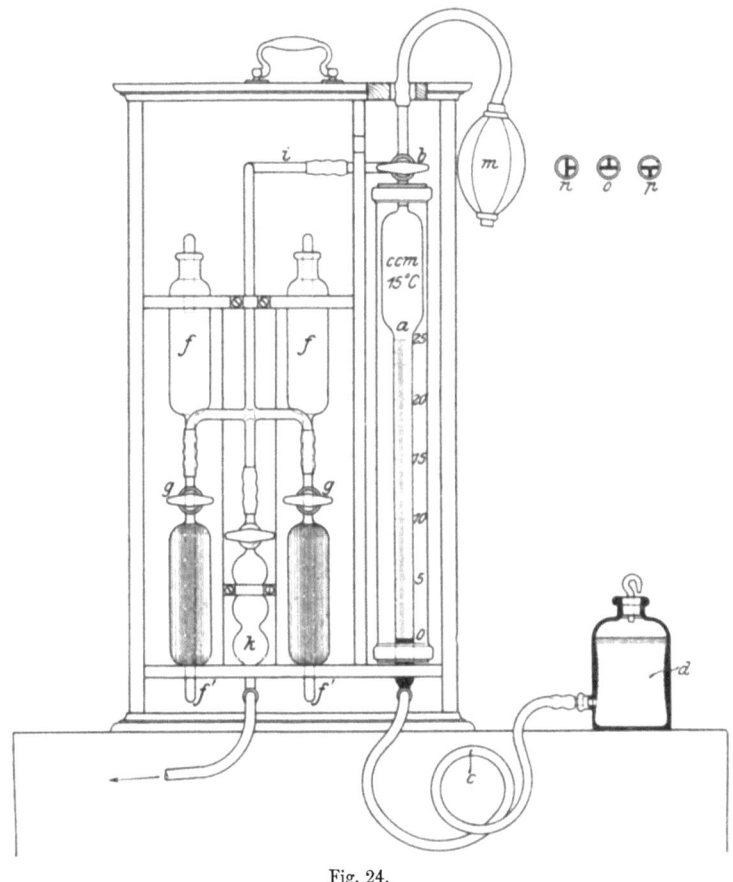

Fig. 24.

kugeln an. Die Nulllage der Absorptionsflüssigkeit wird durch Hahn *g* begrenzt. Die Reagentien werden so weit eingefüllt, bis gerade die Hahnhülse erreicht wird. Eine Verbindung der Absorptionsgefäße *f* mit der Bürette *a* bewerkstelligt Rohr *i*;

an dasselbe ist ferner Wattefilter k angeschlossen, welches einen Absperrhahn zur Verbindung mit der Gasrohrleitung oder Absperrung von derselben hat. Der Dreiweghahn b, die Absorptionsgefäße f und Wattefilter k sind durch kurze Gummischläuche untereinander verbunden. Vermittelst Aspirators m können Verbrennungsgase durch den Apparat gesogen werden. Zur Vornahme einer Gasanalyse hätte man folgendermaßen zu operieren:

Dreiweghahn b befindet sich in Stellung n, durch Heben der Druckflasche d stellt man das Sperrwasser in der Bürette a bis zum Hahn ein; durch Drehung wird derselbe nunmehr in Lage o versetzt und der Hahn des Wattefilters k geöffnet. Durch Aspiration saugt man, selbstverständlich bei geschlossenen Hähnen g, Gas durch den Apparat und stellt den Dreiweghahn b sodann in Stellung p. Das Sperrwasser läßt man jetzt bis zum Nullpunkt der Teilung sinken und schließt den Hahn des Wattefilters.

Das in einem bestimmten Quantum abgesperrte Gas wird durch Hineindrücken des Gases in die geöffneten Absorptionsgefäße von diesem oder jenem Bestandteil, je nach der verwandten Reagenzflüssigkeit, befreit. Ist die Absorption vollendet, so stellt man durch Senken der Flasche d die Flüssigkeit wieder bis zum Hahn g ein, verschließt diesen und bringt die Niveaus der Sperrflüssigkeit sowohl in d als auch in a auf gleiche Höhen, liest zum Schluß ferner das Resultat an der Teilung der Bürette in Volum-Prozenten ab.

Man absorbiert zuerst natürlich immer erst die Kohlensäure und sodann den Sauerstoff.

Durch einfache Umformung kann dieser Apparat zu einem Luftüberschußmesser, welcher direkt den Luftüberschuß in Vielfache der theoretischen Luftmenge an der Bürette abzulesen gestattet, umgebildet werden. Es ist hierzu ein mit Phosphor gefülltes Absorptionsgefäß nötig, welcher den freien Sauerstoff in den Verbrennungsgasen absorbiert. Die Teilung der Bürette ist dann nicht in ccm, sondern mit Bezug auf die in Tabelle Seite 37 angeführten Verhältnisse zwischen Luftüberschuß und Sauerstoffgehalt durchgeführt. Die Apparate Figuren 22—24 fertigt die Firma G. A. Schultze, Charlottenburg.

Von den Gasuntersuchungs-Apparaten, welche ihre Messungen automatisch zu Wege bringen und die erhaltenen Resultate in ein Diagramm eintragen, sind Instrumente bekannt zur Bestimmung des Kohlensäure- und Sauerstoffgehaltes. Wie schon eingangs erwähnt, sind zwei Apparatgruppen vorhanden, welche auf chemischer und weiter auf physikalischer Grundlage beruhen.

Zu den nach der chemischen Methode arbeitenden Apparaten gehört der von Arndt konstruierte Heizeffekt-Messer der Firma Ados in Aachen. Das Instrument setzt sich aus drei Hauptteilen zusammen, einem Kraftwerk, welches das Heben und Senken von Flüssigkeiten etc. ausführt und durch den Schornsteinzug betätigt wird, den Gaspumpen mit den Saug- und Druckventilen, welche das zu untersuchende Gas herbeiführen und in die Absorptionsgefäße transportieren, und endlich dem eigentlichen Absorptionsapparat mit der Registrier-Vorrichtung, in welchem die Gaszusammensetzungs-Messung vor sich geht. Das Kraftwerk, Figur 25, besteht aus einem Behälter A, welcher bis zur Nase a mit Wasser gefüllt ist. Um das Gewicht des Behälters zu vermindern, befindet sich innen noch ein Hohlzylinder B, der zugleich dazu dient, das Saugrohr b oben festzuhalten. Eine Glocke C taucht in die Sperrflüssigkeit. Ein Holzgestell ist am Gefäße A befestigt und trägt das Luftventil E, sowie die Schnurscheiben J, G, H. Ein Schlauch c verbindet die Luftkammer des Ventils E mit dem Schornstein. Bei geschlossenem Ventile erstreckt sich der Schornsteinzug von der Luftkammer durch Schlauch d und Röhre b unter die Glocke C und erzeugt dort eine Depression. Der atmosphärische äußere Luftdruck drückt daher auf die Glocke C. Nun befinden sich auf der Scheibe J zwei Mitnehmerstifte m und n, die den Hebel h abwechselnd von einer Seite zur anderen werfen. Es würde nun der Mitnehmer n da wir annahmen, daß das Ventil geschlossen ist, den Hebel h über die Vertikale werfen, das Ventil würde sich öffnen, der

Schornsteinzug ist nicht mehr in der Lage, sich unter die Glocke zu erstrecken, und unter dieser tritt Luftausgleich ein. Ein ausbalanciertes Gegengewicht K zieht die Glocke solange

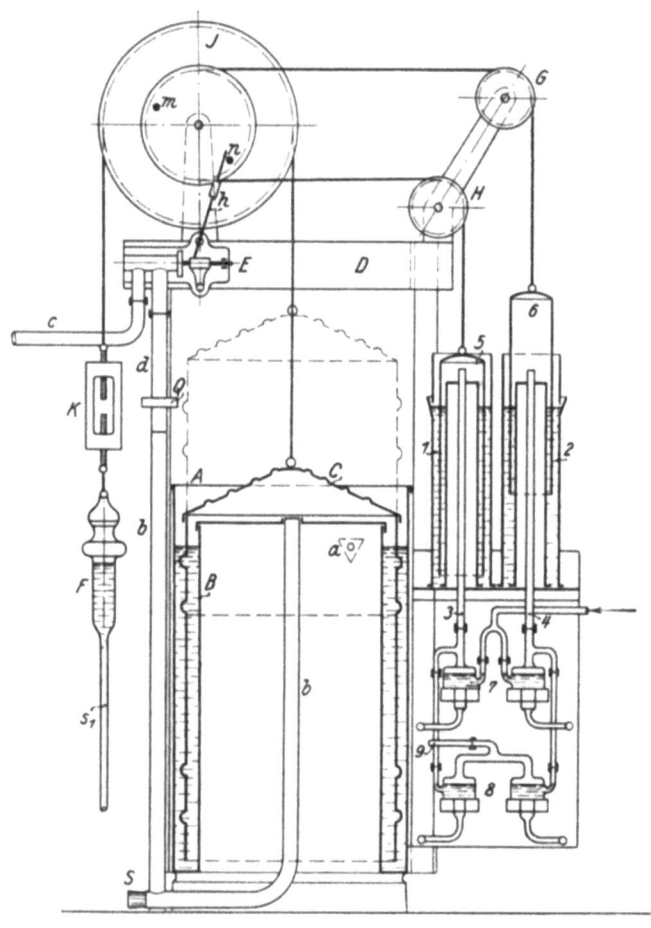

Fig. 25.

in die Höhe, bis der Mitnehmer m den Hebel wiederum über die Vertikale wirft und so das Ventil schließt. Der Schornsteinzug erstreckt sich nun wiederum unter die Glocke, und beginnt das Spiel von neuem. Zwischen der Luftkammer und dem Rohr b befindet sich eine Quetsche Q, mit deren Hilfe man die Zugstärke drosseln kann. Um den Apparat außer Tätigkeit zu setzen, entfernt man den Stöpsel s aus dem Rohr b.

Die Gaspumpen mit den Saug- und Druckventilen bestehen aus zwei zylindrischen Gefäßen *1* und *2*, die bis zu einem angebrachten Überlauf mit Wasser gefüllt werden und durch deren Boden je ein Saugrohr *3* und *4* geht.

Zwei abwechselnd saugende und drückende Pumpen *5* und *6* tauchen in die Gefäße *1* und *2*. Wird die Pumpenglocke *6* vom Kraftwerk gehoben, so entsteht unter derselben eine Luftverdünnung und wird hierdurch das in der Pfeilrichtung ankommende Gas nach Überwindung der Flüssigkeitshöhe in *7* angesogen.

Beim Hubwechsel drückt Glocke *6* die Gase durch das rechts befindliche Ventil *7* in das gleichliegende Ventil *8*, wobei dieselben durch Rohr *9* in den Absorptionsapparat gedrückt werden.

Beim Heben und Senken der Glocke *5* arbeiten die links befindlichen Ventile *7* und *8* in analoger Weise wie die rechts befindlichen Ventile; links hat man also Saug- und rechts Druckventile. Als Sperrflüssigkeit dient hier Glyzerin. Der Absorptions- und Registrierapparat ist in Figur 26 dargestellt. Die vom Kraftwerk in bestimmten Intervallen gehobene Flasche F, in welcher sich als Sperrflüssigkeit Glyzerin befindet, wird um einen Hub gehoben und gesenkt. F steht mit dem Gasbehälter G_1 durch den Stutzen St_1 und dem Schlauch s_1 in Verbindung und kommuniziert somit das Glyzerin in F und G_1. In der höchsten Stellung von F spielt die Sperrflüssigkeit auf Marke m_2 des Gasbehälters G_1 ein. Der Gasbehälter G_1 ist mit einer Skala versehen und beträgt sein Volumen vom 0. bis 20. Teilstrich 20 ccm, vom 0. Teilstrich bis zur Marke m_2 genau 100 ccm.

Solange das Glyzerin den Gaseintritt g_1 am Meßgefäß G_1 nicht abgeschlossen hat, können die in Pfeilrichtung I durch den Stutzen St_3 durch das Rohr s_2 eingepumpten Verbrennungsgase im Gasbehälter G_1 frei zirkulieren und durch das Rohr r_1

im Gasbehälter G_1, dessen unterstes offenes Ende mit dem Nullstrich der Skala auf einem Niveau steht, durch ein Rohr und Stutzen St_4 in Pfeilrichtung II in die Atmosphäre austreten. Durch automatisches Heben der Flasche F steigt das Glyzerin im Gasbehälter G_1, versperrt den Gaseintritt g_1 und verhindert somit den in Pfeilrichtung I ankommenden Verbrennungsgasen den Eintritt in das Meßgefäß, sodaß die noch weiter unter dem Pumpendruck ankommenden Gase genötigt sind, durch das Sperrgefäß S unter Überwindung der Flüssigkeitssäule h durch Stutzen St_2 in die Atmosphäre zu treten. Es wird also von dem Inhalt der Pumpenglocke ein Quantum von 100 ccm automatisch zwecks Analyse abgefangen, während der Rest in die Atmosphäre gedrückt wird. Durch Absperrung des Gasweges g_1 haben wir ein Gasquantum abgefangen, welches bis zur Absperrung des Rohres r_1 im Gasbehälter G_1 durch die immer weiter aufsteigende Sperrflüssigkeit unter atmosphärischem Druck stand. In dem Moment, wo die Sperrflüssigkeit das Rohr r_1 abschließt, haben wir 100 ccm Gas unter atmosphärischem Druck abgefangen, die durch weiteres Steigen der Sperrflüssigkeit bis zur Marke m_2 durch den dünnen Gummischlauch s_4 auf die Kalilauge im Absorptionsgefäß A gedrückt werden. Hierbei wird die in den Gasen enthaltene Kohlensäure von der Kalilauge begierig absorbiert und letztere von den nicht absorbierten Gasen verdrängt, steigt durch den engen Gummischlauch über Marke m_3 in den Luftraum a_1, versperrt bei weiterem Steigen die Öffnung des Rohres r_3 und hat in diesem Moment ca. 60 ccm atmosphärische Luft in die Atmosphäre verdrängt. Der nun hydraulisch abgeschlossene Luftraum a_2 ist mit dem im Gefäß G_2 eingeschmolzenen Glasstutzen verbunden. In dem Glase G_2 befindet sich Glyzerin, in welches eine mit Führungsspitzen versehene Tauchglocke T eintaucht. Wird nun die Kalilauge weiter in den Luftraum a_2 gebracht, so verdrängt sie ein dementsprechendes Volumen Luft durch Schlauch s_5 und den Glasstutzen, der über das Niveau des Glyzerins hinausragt, unter die Glocke T. 20 ccm Luft werden benötigt, um Glocke T bis zur Berührung mit

Die Gasanalyse.

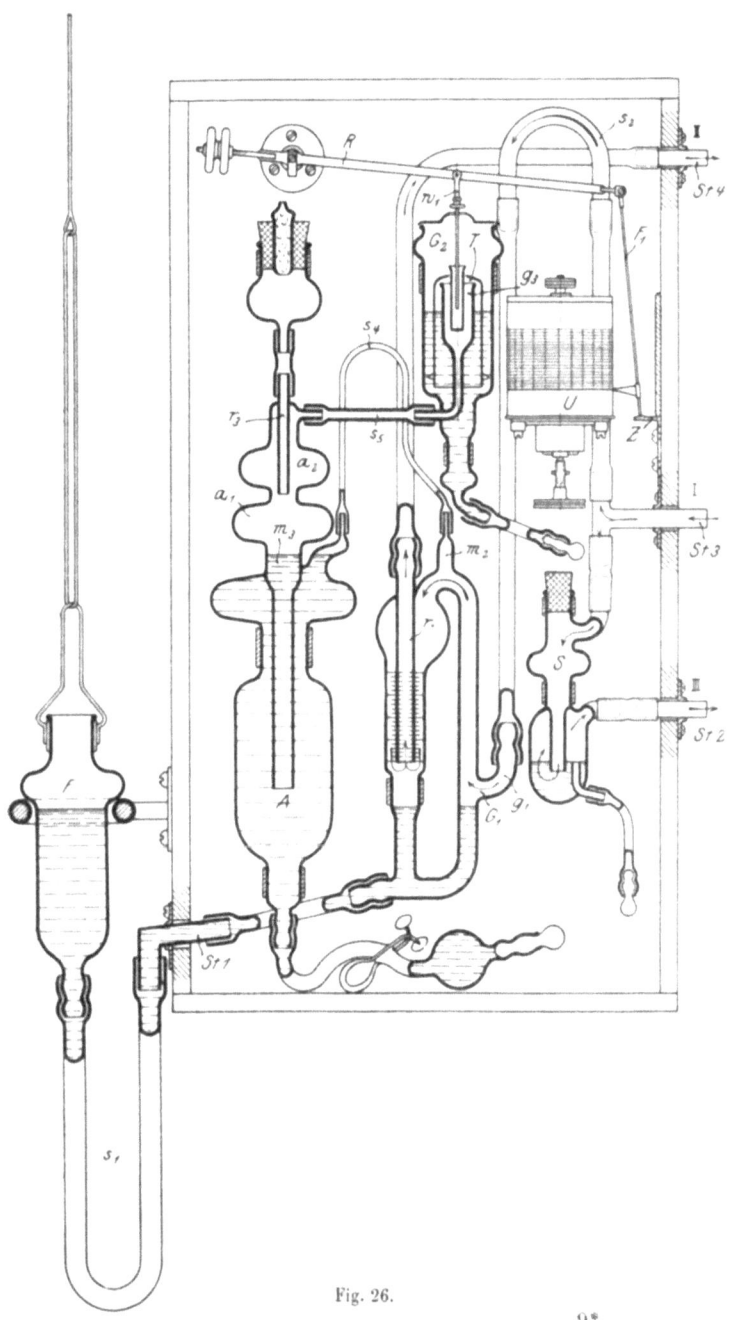

Fig. 26.

dem Mitnehmerstift w_1 des Registrierhebels R zu heben. Die weiter noch bleibenden 20 ccm mit Abzug der von der Kalilauge absorbierten Kohlensäure werden zur Aufzeichnung des Diagramms, d. h. zur Hebung der Schreibfeder F_1 durch den Hebel R vermöge Steigens der Kalilauge im Luftraum a_2 und der damit verbundenen Luftverdrängung unter die Glocke T und dadurch bewirktes weiteres Steigen derselben, benutzt. Es wird also bei jeder Gasanalyse die Luftglocke T um so höher steigen, und somit die Schreibfeder F_1 eine um so höhere Linie auf dem Diagrammstreifen aufzeichnen, je weniger Volumenprozente CO_2 die abgefangene und analysierte Gasprobe enthält. Die von einem kleinen Konsol Z gestützte Schreibfeder F_1 bewegt sich auf einer Trommel auf und ab, die den Diagrammstreifen trägt. Diese Trommel macht, durch ein Uhrwerk U getrieben, in 24 Stunden eine Umdrehung. Hat das Glyzerin seinen höchsten Stand bei Marke m_2 erreicht, ist somit die Flasche F in ihrer höchsten Stellung, so ist die Analyse vollendet. Es tritt ein automatischer Hubwechsel der Flasche F durch das Kraftwerk ein, die Sperrflüssigkeit sinkt mit der in ihre Anfangsstellung zurückkehrenden Flasche F. Die Kalilauge sinkt von Luftraum a_2 nach Luftraum a_1 und spielt wiederum auf Marke m_3 ein. Durch das Sinken der Kalilauge einerseits, sowie des Glyzerins andererseits wird das von der Kohlensäure befreite, anfänglich abgefangene Gas wieder aus dem Absorptionsraum A in den Gasbehälter G_1 zurückgepreßt resp. gesaugt und hier mit den nun wieder durch das Gasgefäß G_1 geförderten neuen Gasen in die Atmosphäre gedrängt. Da die Pumpen ca. das 30 fache des zu einer Analyse notwendigen Gases fördern, so ist vollständige Sicherheit vorhanden, daß die neu zu analysierende Gasprobe keinerlei Gasreste der vorangegangenen enthält. Da Weg g_1 des Gasgefäßes G_1 wiederum frei ist, so haben die Gase wieder ungehinderten Durchtritt durch das Gasgefäß G_1, Rohr r_3 und Stutzen St_4 und füllen resp. durchspülen dasselbe mit einer neuen Feuergasprobe für die dann beginnende Analyse. Es wiederholen sich so die einzelnen exakten Gasanalysen ganz selbsttätig in bestimmten Intervallen, je nachdem man das Kraftwerk schneller oder langsamer durch Stellen des im Verbindungsrohr zum Schornsteinzug eingeschalteten Quetschhahnes Q arbeiten läßt. Das Absorptionsgefäß wird auch so hergestellt, daß A vollkommen getrennt von a_1 und a_2 ist; s_4 mündet dann in der Mitte oberhalb A. Ferner kann A zur Aufnahme fester Absorptionsmittel, z. B. Phosphor zwecks Sauerstoff-Ermittlung, hergestellt werden.

Eine wichtige Kontrolle des Apparates auf seine Richtigkeit besteht darin, daß man am Meßgefäß G_1, wie folgt, die vom Schreibstift aufgezeichneten Prozente ablesen kann. Die Sperrflüssigkeit im Rohre s_3 steht in derselben Höhe wie der Flüssigkeitsspiegel in der Flasche F und steht unter atmosphärischem Druck, während im Gasbehälter G_1 die Flüssigkeit unter dem Drucke der in die Lufträume a_1 und a_2 verdrängten Kalilauge steht. Sobald die Kalilauge beim Rückgange wieder auf Marke m_3 einspielt, befindet sich das Gas im Gasbehälter G_1 wiederum unter atmosphärischem Druck. Da die in dem anfänglich unter atmosphärischem Druck abgefangenen Gasvolumen von 100 ccm enthaltene CO_2 durch die Kalilauge absorbiert worden ist, hat sich dieses Volumen um einen entsprechenden Teil vermindert und wird daher, sobald im Gasgefäß G_1 wieder atmosphärischer Druck herrscht, die Sperrflüssigkeit einen Stand über dem Nullstriche einnehmen, der dem jeweiligen CO_2-Gehalte entspricht, den man dann direkt an der Skala ablesen kann. Um zu erkennen, wann im Gasgefäß G_1 wieder atmosphärischer Druck herrscht, beobachte man den Meniskus im Rohr r_1 in dem Augenblicke, wo er beim Zurückgehen der Flüssigkeit in Niveaugleiche mit der Flüssigkeit im Gasbehälter G_1 einspielt. Der Skalastrich im Meßgefäß G_1, bei dem dieses eintritt, gibt den CO_2-Gehalt der Verbrennungsgasprobe, welcher mit der registrierten Angabe übereinstimmen muß.

Der durch die Kalilauge gegebene Nullpunkt wird durch die Zunahme des aus der Kohlensäure-Absorption herrührenden kohlensauren Kalis mit der Zeit verschoben, sodaß deshalb öfter die Nulllage kontrolliert werden muß. Hat man längere Dauerversuche mit diesem Instrument durchzuführen, so läßt man vorteilhaft bei Beginn und Beendigung des Versuchs durch Einlassen von Luft statt Verbrennungsgas die Nulllage schreiben; bei längerem Gebrauch wird die zuletzt geschriebene Nulllage nicht mehr auf der Diagramm-Nulllinie, sondern höher hinauf liegen und extrapoliert man die wahre Nulllage als sich mit der Zeit proportional ändernd durch Verbindung vermittelst einer geraden Linie. Füllt man den Absorbtionsraum statt mit Kalilauge mit Phosphor auf, so kann man den überschüssigen Sauerstoff in den Verbrennungsgasen feststellen; das Absorptionsgefäß ist zu diesem Zweck anders gestaltet.

Der Ados-Apparat kann demnach direkt den Gehalt von Kohlensäure und Sauerstoff in Volum-Prozenten oder aber auch direkt den Luftüberschuß in Vielfache der theoretisch notwendigen Menge angeben. In Figur 27 ist ein Diagramm, welches die hier aufgezählten Messungs-Möglichkeiten enthält, dargestellt.

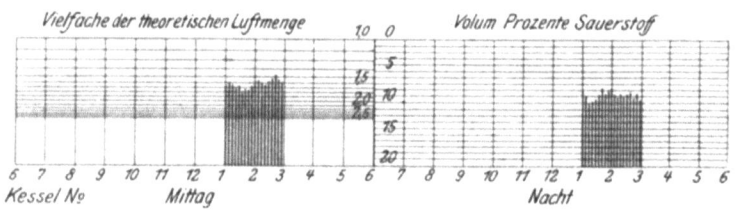

Fig. 27.

Mit dem auf physikalischer Grundlage arbeitenden Apparat zur automatischen Gasuntersuchung und Registrierung mißt man nur den Kohlensäuregehalt in den Verbrennungsgasen. Der Apparat beruht auf den Seite 107 angeführten Prinzipien der hydrostatischen Messung von Gewichtsdifferenzen irgendwelcher Gase gegenüber Luft vermittelst Mikromanometer und wird von der Firma G. A. Schultze, Charlottenburg, als Rauchgas-Analysator in den Handel gebracht.

Die Luxsche Gaswage, die Arndtsche Gaswage, das Dasymeter von Siegert und Dürr haben das gleiche Prinzip der

Gaswägung zur Grundlage gehabt, nur daß die Messung nicht auf hydrostatischem Wege erfolgte.

1 ccm Verbrennungsgas wiegt bei 20,96 Vol.-Proz. Kohlensäuregehalt 1,4035 kg, während 1 cbm Luft 1,2912 kg unter den gleichen Bedingungen wiegt. Mit steigendem Kohlensäuregehalt in den Verbrennungsgasen erhält man also Gewichtsdifferenzen von zunehmendem Betrage.

Im Gegensatz zu der diskontinuierlichen Bestimmung welche mit dem Apparat der Figur 15 erreicht wird, ist bei dem Rauchgas-Analysator durch Krell ein kontinuierlich arbeitendes und registrierendes Verfahren durchgeführt worden.

Der Apparat, in Figur 28 dargestellt, besteht aus zwei in einer gemeinschaftlichen Umhüllung untergebrachten Standröhren *1*, welche oben mit einer gemeinschaftlichen Saugeleitung *2* verbunden sind. Durch das eine Rohr strömt kontinuierlich Verbrennungsgas, während durch das andere Rohr atmosphärische Luft gesogen wird; diese Gasansaugung geschieht meist durch einen Ejektor.

Haben diese beiden Gase gleiche Geschwindigkeiten in den Standröhren, jedoch verschiedene Dichtigkeit, so wird ein mit beiden Schenkeln verkehrendes Mikromanometer *3* einen Ausschlag anzeigen, welcher der vorhandenen Gewichts-Differenz entspricht.

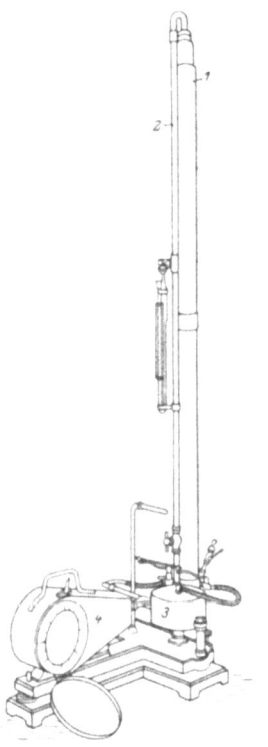

Fig. 28.

Auf diese Weise kann man fortlaufend statt der Gewichtsdifferenz den Kohlensäuregehalt in den Verbrennungsgasen ablesen oder aber man photographiert in Vorrichtung *4* zwecks Registrierung die Angaben des Mikromanometers auf einen lichtempfindlichen Papierstreifen, der durch ein Uhrwerk an der Manometer-Skala vorbeigeführt wird; die Registrierung geschieht also in ähnlicher Weise, wie es bei dem photographischen Thermometer auf Seite 104 angegeben ist.

In Figur 29 ist ein Diagramm dieses Apparates abgebildet.

Die Angaben des Apparates sind abhängig von dem Einfluß der schwefligen Säure und des wechselnden Wasserdampfgehaltes in den Verbrennungsgasen, von wechselnder Gasgeschwindigkeit in den beiden Standröhren etc.

Zahlreich durchgeführte Kontroll-Versuche im Betriebe haben jedoch ergeben, daß das Instrument zufriedenstellend arbeitet und allen an dasselbe gestellten Anforderungen gerecht geworden ist.

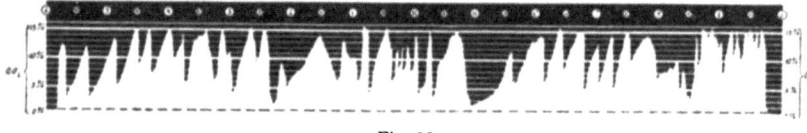

Fig. 29.

Zum Schluß möge hier noch einiges über die Reagentien zur Gasanalyse vermittelst der Apparate Fig. 22 und 24 gesagt werden.

Kohlensäure. Verwandt wird ausschließlich Kalilauge und zwar gelangen auf ein Gewichtsteil käufliches Kaliumhydroxyd cr. 2 Gewichtsteile Wasser.

Sauerstoff. Verwandt wird pyrogallussaures Kali oder Phosphor. Im ersten Fall gelangen auf 5 g Pyrogallussäure 15 g Wasser, in welches weiter eine Lösung von 120 g Kaliumhydroxyd und 80 g Wasser gemischt wird. Die beste Absorptionstemperatur liegt bei ca. 20^0 C. Aus den Gasen muß selbstverständlich erst die Kohlensäure abgeschieden werden, ehe man zur Sauerstoffbestimmung schreitet. Im zweiten Fall verwendet man Phosphor in Stangenform von 3—4 mm Durchmesser. Derselbe muß vor Licht geschützt und unter Wasser aufbewahrt werden, welches von Zeit zu Zeit vorteilhaft erneuert wird. Die beste Wirkung erhält man bei Temperaturen von ca. 20^0 C.

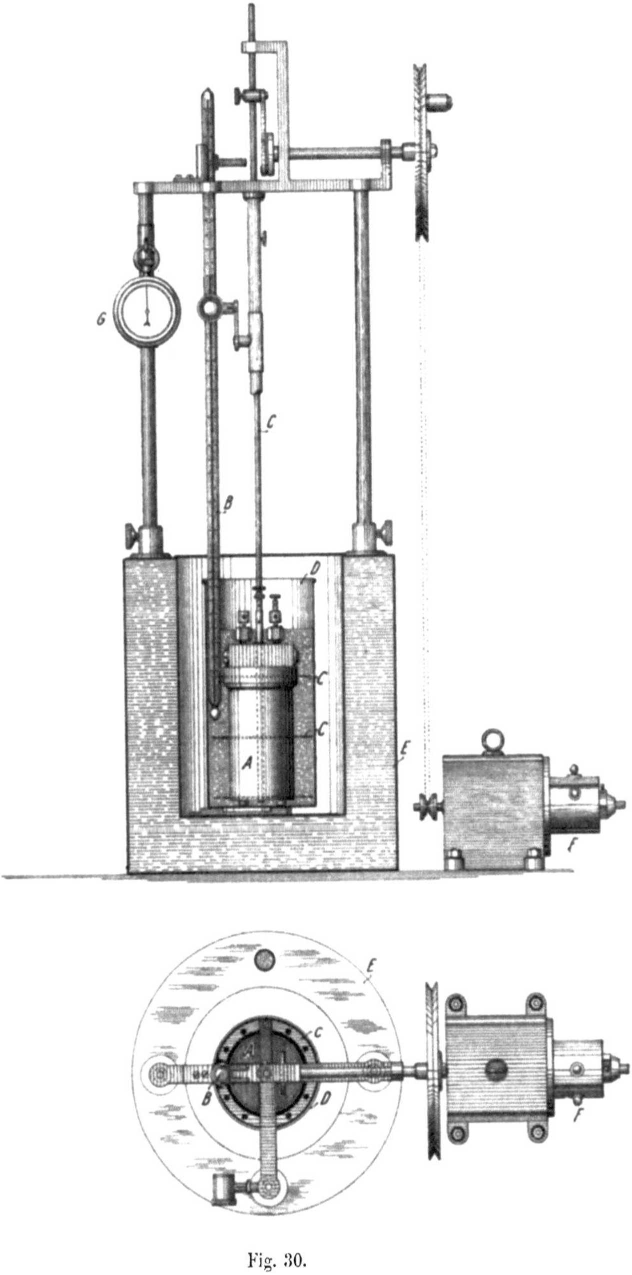

Kalorimetrie.

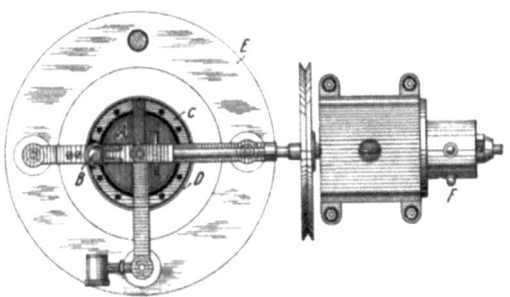

Fig. 30.

Gegenwart von Kohlenwasserstoffen wie Äthylen etc. verhindert die Absorption.

Äthylen. Verwandt wird rauchende Schwefelsäure, welche mindestens 20 % Anhydrid enthält.

Kohlenoxyd, Wasserstoff und Methan werden durch Verbrennung ermittelt.

d) Apparate zur Kalorimetrie und Ermittlung der Brennstoffzusammensetzung.

Zur Ermittlung des Brennwertes benutzt man vorteilhaft das Kalorimeter nach Berthelot-Mahler mit der von Kröcker abgeänderten Bombenform gemäß der Ausfertigung des Mechanikers Julius Peters Berlin. Das gesamte Inventarium ist in Fig. 30 abgebildet. Es besteht in der Hauptsache aus der kalorimetrischen Bombe A, einem Thermometer B, einem Rührer C, einem Wassergefäß D und einem Schutzmantel E; der Antrieb des Rührers erfolgt vom Elektromotor F. G ist ein Sekundenchronometer zur Feststellung von Beobachtungszeiten.

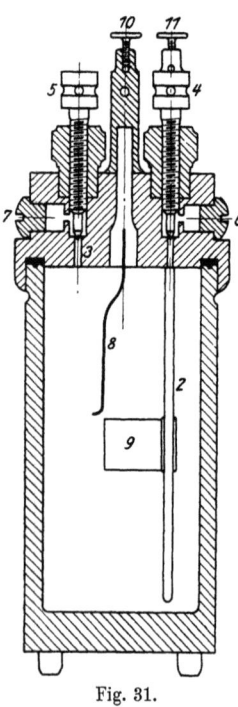

Fig. 31.

Die Bombe, in Figur 31 besonders dargestellt, besteht aus einem vernickelten Stahlgefäß mit festverschraubbarem Deckel, welches ~ 300 ccm Inhalt hat. Am Deckel sind Zu- und Ableitungskanäle für Gase sowie Stromzuführungen zur Entzündung des Brennstoffes angeordnet. Kanal 1, fortgesetzt durch das Platinrohr 2, benutzt man zur Einleitung von Sauerstoff, Kanal 3 zur Fortleitung von Verbrennungsgasen. Durch die Schraubenspindeln 4 und 5 sind diese Kanäle verschließbar; außerdem können die Austritte mit den Schrauben 6 und 7 armiert werden. 8 ist ein isolierter

Platinpoldraht; ein Platintiegel 9 nimmt den zu verbrennenden Körper auf.

Die Stromzuführung geschieht endlich durch die Klemmen 10 und 11. Das Thermometer umfaßt meist ca. 10^0 C., ist in $0,01^0$ geteilt, sodaß noch $0,001^0$ geschätzt werden können; es ist natürlich notwendig, bei dieser Genauigkeit auch die Fehler des Thermometers zu berücksichtigen.

Z. B. hatte ein von der Physikalisch-Technischen Reichsanstalt geprüftes Thermometer No. 20733 folgende Gradkorrektionen ergeben:

$+15^0 = 0,02^0$ ⎫
$+16^0 = 0,01^0$ ⎬ zu niedrig
$+17^0 = 0,01^0$ ⎭
$+18^0 =$ ohne wesentlichen Fehler
$+19^0 = 0,01^0$ zu niedrig
$+20^0 =$ ohne wesentlichen Fehler
$+21^0 = 0,01^0$ ⎫
$+22^0 = 0,01^0$ ⎬ zu niedrig
$+23^0 = 0,01^0$ ⎪
$+24^0 = 0,01^0$ ⎭

Man berechnet sich auf Grund dieser Zahlenangaben eine Korrektionstafel.

Die Entzündung des zu untersuchenden Brennstoffes geschieht auf elektrischem Wege, indem man eine Drahtspirale, meist Eisen, zum Erglühen resp. Abschmelzen und Verbrennen bringt. Als Stromquelle benutzt man Tauchbatterien oder Akkumulatoren; am bequemsten jedoch fährt man bei Verwendung von Strom aus einer vorhandenen öffentlichen Leitung. Man muß natürlich die Spannung, welche meist für den Zündzweck einen zu hohen Betrag hat, drosseln. Ein bequemer Apparat ist als Schaltskizze in Figur 32 abgebildet. Derselbe enthält sowohl die Zündvorrichtungen als auch die Regulierwiderstände für den Elektromotor als Rührwerksantrieb. Der Strom tritt an den Stellen + und − ein und teilt sich in zwei Kreise I und II. Stromkreis I ist für den Motor bestimmt; *a* ist der Elektromotor; zur Variation der Touren wird der antreibende Strom durch den Regulierwiderstand verschieden verstärkt oder in seiner Intensität verringert.

Stromkreis II dient zum Zünden; c ist ein Schalter, d der zur Verbrennung gelangende Draht, e eine Widerstandsspule und f eine Glühlampe. Bei ca. 220 Volt benutzt man in e einen Widerstand von $\sim 100\ \Omega$ und für f eine 16 kerzige Lampe. Beim Einschalten des Stromes wird die Glühlampe so lange leuchten, bis bei d durch Abschmelzen der Stromkreis unterbrochen wird; man benutzt hier die Glühlampe als Indikator für die Vorgänge der Zündung, welche, da diese sich im Innern der verschlossenen Bombe abspielen, sonst nicht sichtbar kontrolliert werden könnten.

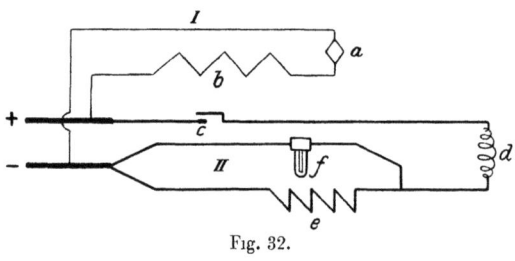

Fig. 32.

Zur weiteren Ausrüstung des Kalorimeters gehört eine Preßvorrichtung zum Brikettieren von Brennstoffen — siehe Seite 143 und Figur 33 —, eine Vorrichtung zum Auffüllen von Sauerstoff unter Druck nebst Manometern und dazugehörigen Rohrleitungen, zwei Büretten zum Messen der beim Verbrennen entstehenden Salpeter- und Schwefelsäure, sowie einige Bechergläser, Filtriervorrichtungen etc.

Zur Bestimmung der Zusammensetzung von Brennstoffen, also namentlich des Kohlenstoff-, Wasserstoff- und Rückstandgehaltes dienen die bekannten Verbrennungsöfen; ein mit etwas Bleichromat und Kupferoxyd gefülltes, schwer schmelzbares Glasrohr wird bis zur Rotglut erhitzt. Der in einem Schiffchen aus Platin oder Porzellan befindliche und gewogene Brennstoff wird hierauf in das Rohr gebracht und ebenfalls erhitzt; zugleich wird Sauerstoff aus einem Gasometer oder einer Bombe entnommen und durch das Verbrennungsrohr geleitet.

Es erfolgt hierbei eine vollkommene Verbrennung zu Kohlensäure und Wasserdampf, die aus dem Schwefel des Brennstoffs resultierende schweflige Säure wird durch das Bleichromat gebunden. Am Ende des Verbrennungsrohres befinden sich Absorptionsapparate zur Ermittlung des gebildeten Wasserdampfes und der Kohlensäure; man verwendet hierzu die bekannten U-förmigen Rohre oder aber Geißlersche Absorptionsapparate in den verschiedenen Formen. Absorptionsmittel für Wasserdampf sind konzentrierte Schwefelsäure, Kalziumchlorid oder Phosphorpentoxyd, für Kohlensäure wird Kalilauge oder Natronkalk zur Anwendung gebracht. Ein empfehlenswertes Verbrennungsofensystem ist das von C. Heraeus, Hanau, auf den Markt gebrachte. Auf einen Tonzylinder ist eine Platinfolie als Widerstand aufgewickelt; bei Stromdurchgang wird das Tonrohr sehr gleichmäßig und schnell erhitzt, ein durchgelegtes, gläsernes Verbrennungsrohr nimmt von der inneren Peripherie des Tonrohres Wärme auf. Zur Aufstellung eines solchen Ofens sind besondere Vorkehrungen, etwa feuerfester Unterbau, Abzug für Verbrennungsgase von der Rohrbeheizung herrührend, nicht erforderlich, ein Umstand, der sehr oft zu beachten ist.

17. Methoden der Brennstoffuntersuchung.

Die laufende Brennstoffuntersuchung gehört zu den wesentlichsten Faktoren der Betriebsübersicht, weil die Rentabilität der Dampferzeugungsanlagen von dem mehr oder minder großen Wärmewert des zur Verwendung gelangenden Brennstoffes abhängt. Von den beiden möglichen Kontrollmethoden, der Ermittelung der Zusammensetzung und des Heizwertes im Kalorimeter etc. und der Bestimmung des Brennwertes in einem praktischen Verdampfungs- resp. Feuerungs- oder Vergasungsversuch, können beide Bestimmungsmöglichkeiten in Betracht kommen oder aber jede dieser Methoden, je nach dem verlangten Zweck, allein. Bei grundlegenden, neuen Untersuchungen wird man beide Versuchsreihen zusammen durchführen, während später zur laufenden Übersicht, z. B. der Brennstoffqualität, richtige Probeentnahme vorausgesetzt, die Laboratoriumsarbeit allein ausreichend erscheint.

Für die Betriebskontrolle durch Verdampfungsversuche kommt folgendes in Betracht. Das Wärmeaufnahmevermögen einer Dampfkesselheizfläche hängt ab von der Geschwindigkeit und der Temperatur des Wärmeträgers; man muß deshalb bei laufenden Brennstoffuntersuchungen möglichst gleichartige Bedingungen einhalten, damit das Resultat nur die Variationen in der Brennstoffqualität, nicht der Art der Betriebsführung zum Ausdruck bringt. Man wird deshalb möglichst immer die gleiche Kesselart verwenden und eine gleichmäßige Belastung der Kesselheizfläche anstreben.

Daß dieser oder jener Brennstoff praktisch nicht immer mit dem gleichen Luftüberschuß verfeuert werden kann, hängt von seiner Struktur und seiner Zusammensetzung ab, und gelangt deshalb neben dem Wärmewert des Brennstoffs im Quantum verdampften Wassers auch die Betriebsbrauchbarkeit nach dieser Richtung hin zum Ausdruck.

Der Gang einer Brennwertsbestimmung, sowie die Ermittlung der Zusammensetzung eines Brennstoffs soll nunmehr an einem Beispiel klargelegt werden.

Von der zur Untersuchung gelangenden Brennstoffprobe wird einmal verlangt, daß diese ein getreues Abbild der zu beurteilenden Brennstoffmenge ist, und ferner, daß der ursprüngliche Wassergehalt derselben erhalten bleibt; aus zuletzt angeführtem Grunde ist die Verpackung von Brennstoffproben in Säcken, Holzkästen, Papierschachteln etc. unzulässig, namentlich weil bei feuchteren Proben hierdurch der Wassergehalt und Hand in Hand damit der Brennwert und die Zusammensetzung stark beeinflußt werden. Ebensowenig wie man eine wasserfreie Kohle im Laboratorium sicher verarbeiten kann, ist es auch undenkbar, mit sehr nassen Brennstoffproben Untersuchungen durchzuführen.

Während im ersten Fall infolge hygroskopischen Verhaltens vom Brennstoff beständig Wasser aus der atmosphärischen Luft aufgenommen würde, verdampft im zweiten Fall das überschüssige Wasser aus demselben, sodaß z. B. schon bei der Wägung Schwierigkeiten auftreten, abgesehen davon, daß man es unter diesen Umständen mit keinem einheitlichen Körper zu tun hat.

Man macht deshalb den Brennstoff erst durch längeres Liegen lufttrocken, nachdem man vorher eine grobe Zerkleinerung vorgenommen und eine Probe zur Wasserbestimmung entnommen hat.

Nimmt der Brennstoff aus der atmosphärischen Luft weder Wasser auf noch gibt er letzteres ab, so bezeichnet man diesen Zustand als lufttrockenen.

Wiederum wird vom lufttrockenen Material eine Probe zur Bestimmung des noch vorhandenen Wassers entnommen und der Brennstoff hierauf fein gepulvert. Gewöhnlich bringt man die zu untersuchende Brennstoffsubstanz als Brikett zur Verwendung, weil in dieser Form die Verarbeitung und Wägung leichter vor sich geht; bitumenarme Brennstoffe, wie Anthrazit, Koks etc., lassen sich natürlich nicht brikettieren und müssen in Pulverform verbrannt werden.

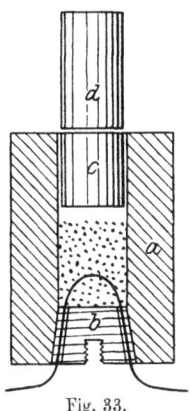

Fig. 33.

Zum Pressen der Briketts dient die in Figur 33 dargestellte Preßform. Zunächst legt man in die beiden Nuten des konischen Bodenstückes b im Bogen einen gewogenen dünnen Eisendraht, drückt dieses Bodenstück in die Preßform a hinein, hält es mit dem Finger fest, schüttet in den Hohlraum ca. 1 g der gepulverten Kohle, setzt darauf den kleinen Stahlstempel c und über diesen den Stempel d. Alsdann stellt man die Preßform auf die für diesen Zweck vorher gut geebnete Druckplatte einer gewöhnlichen Laboratoriums-Spindelpresse. Man presse nicht zu stark; der erforderliche Druck richtet sich nach der

Kohlenart. Steinkohlen verlangen mehr Druck als Braunkohlen. Ist die Substanz zusammengepreßt, so dreht man die Spindel ein wenig zurück, zieht das Bodenstück mittels des beigegebenen Gewindestiftes heraus und drückt dann schließlich durch abermaliges vorsichtiges Anziehen der Spindel das Brikett aus der Form.

Nach erfolgter Wägung des gesamten Briketts werden die Enden des Eisendrahtes mit den beiden Poldrähten der Bombe verbunden.

Um beim Zünden mit Eisendraht das Einschmelzen von glühenden Kügelchen in die Emaillierung der Bombe zu verhindern, bringt man das Brikett so an, daß dasselbe von dem Platintiegel vollkommen umschlossen wird.

Nunmehr wird nach Verschraubung des Deckels die Bombe mit reinem Sauerstoff unter Druck aufgefüllt und zwar mit etwa 15 kg pro qcm. In das Wassergefäß D der Figur 30 auf Seite 137 wird ferner Wasser eingewogen und zwar empfiehlt sich die Verwendung einer immer gleichbleibenden Menge, z. B. 2200 g.

Nachdem man die Bombe in das Wasser getan und der Rührer, Thermometer etc. montiert sind, kann mit den einleitenden Beobachtungen vor der Verbrennung begonnen werden. Zu diesem Zweck wird der Elektromotor eingeschaltet und hierdurch das Rührwerk in Bewegung gesetzt. Man unterscheidet bei den vor sich gehenden Beobachtungen drei Perioden, einen Vor-, Haupt- und Nachversuch. Im Vorversuch ermittelt man den Stand der Temperatur des Kalorimeter-Wassers, im Hauptversuch hat man nach der erfolgten Entzündung des Briketts durch Kurzschluß den Verlauf des Temperaturanstiegs und im Nachversuch endlich den Temperaturstand nach erfolgter Wärmeabgabe zu beobachten. In bezug auf den Temperatur-Verlauf können nun 4 Möglichkeiten auftreten:

1. Das Thermometer sinkt während der Vor- und Nachperiode; die gesamt abgelesene Temperatur-Differenz ist zu klein;

2. Das Thermometer steigt während der Vor- und Nachperiode; die gesamt abgelesene Temperatur-Differenz ist zu groß;
3. Das Thermometer sinkt während der Vor- und steigt während der Nachperiode; die gesamt abgelesene Temperatur-Differenz kann zu klein, zu groß oder gerade die wahre sein;
4. Das Thermometer steigt während der Vor- und sinkt während der Nachperiode; die gesamt abgelesene Temperatur-Differenz kann zu klein, zu groß oder gerade die wahre sein.

Das gesamte Kalorimeter kann, wie jeder andere Körper, je nach seinen Zustandsbedingungen, nun von außen her Wärme aufnehmen oder abgeben. Da aber bei der kalorimetrischen Messung unter diesen Bedingungen Temperatur-Differenzen ermittelt werden, muß man gewisse Korrekturen anbringen, welche die wahre Temperatur-Differenz erst ergeben und die durch Wärme-Aufnahme oder -Abgabe bedingten Fehler eliminieren, sodaß eine gemessene Temperatur-Erhöhung nur von der untersuchten Substanz herrührt. Die Korrektionsgröße wird hierbei so aufgefaßt, daß ihr Wert angibt, um wieviel Grade höher oder auch um wieviel Grade niedriger Zuschläge und Abzüge von einer gemessenen Temperatur-Differenz zu machen sind.

Für die nachfolgenden Betrachtungen gelten folgende Bezeichnungen:

V = mittlere Temperatur in der Vorperiode;

v_{Δ} = Verlust an Temperatur pro Intervall der Vorperiode;

H = Hauptversuch;

N = mittlere Temperatur in der Nachperiode;

n_{Δ} = Verlust an Temperatur pro Intervall der Nachperiode;

m = Anzahl der Temperatur-Beobachtungen im Hauptversuch;

$\sum_{1}^{m-1} H$ = Summa aller Temperatur-Ablesungen im Hauptversuch mit Ausnahme der ersten und letzten Notierung.

Von Regnault-Pfaundler (Poggendorfs Ann. 129, 102, 1886) ist eine Formel angegeben, welche die Korrektionsgröße c zu berechnen gestattet. Dieselbe lautet:

$$c = m\,v_\varDelta + \left\{ \frac{n_\varDelta - v_\varDelta}{N - V} \left[\frac{H_1 + H_m}{2} + \sum_1^{m-1} H - m\,V \right] \right\} \quad . \quad 43)$$

Die algebraische Begründung dieser Formel kann aus der angegebenen Quelle entnommen werden und erübrigt sich hier.

Eine einfache Annäherung wird unter Vernachlässigung der Vorgänge in der Hauptperiode durch folgende Formel gegeben:

$$c = m\,v_\varDelta + \frac{v_\varDelta + n_\varDelta}{2} \quad \ldots \ldots \quad 44)$$

Ein Beispiel soll die Anwendung der Formel 43) geben.

Ablesungen	Vorversuch		Hauptversuch	Nachversuch	
	V	$v_\varDelta$	H	N	$n_\varDelta$
1	17,763		17,795	20,231	
2	769	0,006	18,900	230	0,001
3	772	003	20,140	228	002
4	776	004	20,231	225	003
5	779	003		223	002
6	782	003		221	002
7	786	004		219	002
8	789	003		215	004
9	792	003		211	004
10	17,795	0,003		20,206	0,005

Es ergibt sich hieraus:

$V = 17,7803 \qquad N = 20,2209$
$v_\varDelta = +\,0,0032 \qquad n_\varDelta = -\,0,0025.$

Thermometer-Korrektur für $20,231 = 20,233$
-     -   - $17,795 = \underline{17,796}$
Temperaturerhöhung ohne
Berücksichtigung der Korrektur $c = 2,437^0$.

c berechnet sich gemäß Formel 43) wie folgt:

$$c = mv_{\mathit{\Delta}} + \left\{\frac{n_{\mathit{\Delta}} - v_{\mathit{\Delta}}}{N - V}\left(\frac{H_1 + H_m}{2} + \sum_{1}^{m-1} H - mV\right)\right\} =$$

$$3 \cdot 0{,}0032 + \left\{\frac{-0{,}0025 - 0{,}0032}{20{,}2209 - 17{,}7803}\left(\frac{17{,}796 + 20{,}233}{2} + 39{,}040 - 3 \cdot 17{,}7803\right)\right\} =$$

$$0{,}0096 + \left\{\frac{0{,}0007}{2{,}4406}(19{,}0145 + 39{,}040 - 53{,}3409)\right\} =$$

$$0{,}0096 + \{0{,}00028 \cdot 4{,}7136\} = +0{,}0119$$

oder abgerundet

$$c = +0{,}012^0.$$

Die wirkliche Temperatur-Differenz beträgt mithin

$$2{,}437 + 0{,}012 = 2{,}449^0 \text{ C.}$$

Kennt man die Temperatur-Erhöhung einer gewissen Menge Wasser, welche von einer dem Gewichte nach bekannten Menge Substanz, z. B. Brennstoff, aus einer Verbrennung herrührt, so kann ohne weiteres die Wärmemenge derselben berechnet werden. Nun nimmt jedoch an der Erwärmung außer dem im Kalorimeter befindlichen Wasser auch die Bombe, der Rührer, das Wassergefäß und das Thermometer teil. Um diese Wärmeabsorption zu berücksichtigen, drückt man die gesamte Apparat-Masse in eine äquivalente Menge Wasser aus und nennt diese Konstante „Wasserwert des Instruments".

Zur Ermittelung derselben gibt es viele Methoden; eine sichere und zugleich bequeme ist die, eine gewogene Menge einer Substanz, deren Heizwert resp. Verbrennungswärme mit Sicherheit bekannt ist, im Kalorimeter unter gleichbleibenden Umständen wie später zu verbrennen und die hierbei auftretende Temperatur-Erhöhung zu messen.

Andere Methoden sind die Auswägung der Metallmassen etc. des Instruments und die Multiplizierung mit der spezifischen Wärme, die Zumischung einer gewogenen Menge Wasser von bekannter Temperatur zum Kalorimeter und die Beobachtung der auftretenden Temperaturveränderungen, endlich die elektrische Methode, wobei ein Widerstand auf den Bombenkörper gewickelt wird und eine Strommenge sowie die Wärmeentwicklung beim Durchgang durch den Widerstand gemessen wird.

Zweifellos ist die zuletzt genannte Art der Wasserwertsbestimmung die sicherste, aber zur Ausführung derselben benötigt man elektrischer Präzisionsmeßinstrumente, welche wohl nicht immer am Platze sind. Von Jaeger und Steinwehr, Verh. d. deutsch. Physik. Ges., V. Jahrg., No. 2, 1903 und von Moeller, Journ. für Gasbel. und Wasservers. 1903, sind über diese Methode Untersuchungen veröffentlicht worden; das Äquivalent der Strommenge zur Wärmemenge wird dort pro 1 Wattsekunde zu 0,239 W. E. angegeben.

Zur Bestimmung nach der ersten Methode eignen sich folgende Körper:

Naphthalin = 9700 W.E.; Berthelot & Longuinine, Compt. rend. 104, 1887
Anthracen   = 9586   -   Berthelot & Vieille,   -   - 102, 1886
Salizylsäure = 5320   -   Berthelot & Recoura,   -   - 104, 1887
Rohrzucker = 3986   -   Wrede, Inaug.-Diss., Berlin 1903.

Ferner:

    Phtalsäureanhydrid . . . . . 5299 W. E.
    Hippursäure . . . . 5668 -
    Benzoesäure . . . . 6322 -
    Benzoin . . . . 7883 -
    Kampfer . . . . 9292 -

Zum Beispiel wurde beobachtet:

Verbrennungsprodukt: Hippursäure, $CH_2 \cdot NH \cdot CO \cdot C_6 H_5$
$$\underset{COOH}{|}$$

Verbrennungswärme: 5668,2 W. E.[1]).

Versuch 1):

Hippursäure 0,7255 g = 0,7255 · 5668,2 W. E. . . . . . 4112,27 W. E.
Zündfaden (Zellulose) 0,0060 g = 0,0060 · 3852,0 W. E.[2]) 23,11 -
Q = gesamt erzeugte Wärmemenge . . . . 4135,38 W. E.

[1]) Vorher abgerundet zu 5668 W. E. angegeben.
[2]) Verbrennungswärme der Zündschnur.

Brennstoffuntersuchung. 149

Δ = beobachtete Temperatur-Erhöhung des Kalorimeter-
wassers . . . . 1,6452° C.
$\frac{Q}{\Delta}$ = pro 1° C. Temperatur-Differenz erzeugte Wärmemenge . . . . 2513 W. E.
w = im Kalorimeter verwandte Wassermenge . . . . 2200 g
$\frac{Q}{\Delta}$ − w = Wasserwert des Instrumentes . . . . . . 313 g

Versuch 2):

Hippursäure 0,6775 g = 0,6775 · 5668,2 W. E. . . . . 3840,20 W. E.
Zündfaden (Eisen) 0,0195 g = 0,0195 · 1600 W. E.[1]) . . 31,20 -
Q = ... 3871,40 W. E.
Δ = ... 1,5392° C.
$\frac{Q}{\Delta}$ = ... 2515 W. E.
w = ... 2200 g
$\frac{Q}{\Delta}$ − w = ... 315 g

Es läßt sich nunmehr die Verbrennungswärme aus dem Beispiel auf Seite 146 berechnen. Neben den dort mitgeteilten Temperatur-Beobachtungen sind noch folgende Werte nachzutragen:

Gewicht des Brennstoffs und des Zünddrahtes . . . 0,8434 g
- - Zünddrahtes . . . . 0,0194 -
- - verwandten Brennstoffs . . . . . . 0,8240 g
Eingewogene Wassermenge im Kalorimeter . . . . 2200 g
Wasserwert des Instruments . . . . 314 -
Gesamt verwandte Wassermenge . . . . 2514 g
Korrigierte Temperatur-Erhöhung . . . . 2,449°
Gesamt erzeugte Wärmemenge im Kalorimeter
(2,449 · 2514) . . . . 6156,786 W. E.
Abzugswärme für den Zünddraht (0,0194 · 1600) . . 31,040 -
Erzeugte Wärmemenge aus dem Brennstoff . . . . 6125,746 W. E.
Verbrennungswärme für 1 g Brennstoff $\left(\frac{6125 \cdot 746 \cdot 100}{0,8240}\right)$ 7437,15 -

Da nun in den Feuerungsanlagen die Produkte der Verbrennung, Kohlensäure, CO_2, Wasser, H_2O, und schweflige

---

[1]) Verbrennungswärme des Eisens.

Säure, SO_2, nicht, wie im hier angeführten Falle, teilweise kondensieren, sondern gasförmig entweichen, ist man übereingekommen, die Verbrennungswärme ebenfalls auf gasförmige Verbrennungsprodukte zu beziehen, und nennt die entsprechend umgerechnete Zahl den Heizwert oder Brennwert des Brennstoffes.

Dementsprechend hat man
1. die Verdampfungswärme des gebildeten und kondensierten Wassers,
2. die Bildungswärme der aus dem Stickstoff der Kohle und des zur Verbrennung benutzten Sauerstoffgases herrührenden Salpetersäure und
3. die Bildungs- und Lösungswärme von ebenfalls in der Bombe aus dem Schwefel des Brennstoffs entstandener Schwefelsäure abzuziehen.

Diese Korrektionen lassen sich, wie folgt, berechnen:

1. Verdampfungswärme des kondensierten Wasserdampfes.

Für jedes Gewichts-Prozent gebildeten Wassers (selbstverständlich bezogen auf die Menge des verbrannten Stoffes) werden 600 W. E. in Abzug gebracht. Man muß hierbei berücksichtigen, daß sowohl hygroskopisches Wasser W, als auch chemisch gebildetes Wasser, aus dem disponiblen Wasserstoff der Kohle stammendes $\left(= H - \frac{O}{8}\right)$, hieran teilnimmt. Man erhält demnach die Korrektur 1 zu

$$\frac{\left(H - \frac{O}{8} + W\right) \cdot 600 \text{ W. E.}}{100} \quad \ldots \ldots \quad 45)$$

In dem hier erwähnten Beispiel wurden 43,46 Gew.-Proz. vom Brennstoffgewicht Wasser festgestellt, d. h. es sind hier

$$\frac{43{,}46 \cdot 600}{100} = 260{,}76 \text{ W. E.}$$

für Verdampfungswärme abzuziehen.

2. Bildungswärme der entstandenen Salpetersäure.

Nach Berthelot (Thermochemische Messungen 1896, S. 84) werden bei der Bildung von je 1 g Molekül Salpetersäure $HNO_3 = 62{,}88$ g $= 14273{,}76$ W. E. frei, d. h. jedes gemessene Milligramm Salpetersäure hat den Wärmewert um 0,227 W. E. erhöht. Die Ermittlung der gebildeten Menge HNO_3 wird zusammen mit dem dritten Abzug, der Schwefelsäure-Korrektur, ausgeführt.

3. Bildungs- und Lösungswärme der aus dem Schwefeldioxyd, SO_2, entstandenen Schwefelsäure, H_2SO_4.

Der in den Brennstoffen immer vorhandene Schwefel oxydiert zu schweflige Säure, SO_2, welche sich ferner in der kalorimetrischen Bombe zu Schwefelsäure, H_2SO_4, umbildet und im vorhandenen Verbrennungswasser löst. Sowohl bei dieser Umbildung als auch Lösung im Wasser wird Wärme frei, welche auf keinen Fall im Feuerungsprozeß ausgenutzt werden kann und deshalb ebenfalls im „Heizwert" nicht mit enthalten ist. Man muß deshalb die in Wasser gelöste Schwefelsäure auf gasförmige schweflige Säure reduzieren und zwar vermittelst einer von Langbein angegebenen Bestimmung, bei welcher sowohl die Salpetersäure als auch der Schwefelgehalt des Brennstoffs direkt mit bestimmt werden. (Zeitschr. für angew. Chemie 1900, Heft 49 und 50.)

Die gewissermaßen bei der Verbrennung in der Bombe überschüssig entstehenden Wärmemengen aus dem Schwefel lassen sich, wie folgt, formulieren:

$$SO_2 + O + H_2O = H_2SO_4 = +544{,}0 \text{ W. E.}$$

Pro g H_2SO_4 erhält man bei einem Moleklargewicht von 97,84

$$\frac{544{,}0 \cdot 100}{97{,}84} = +556{,}00 \text{ W. E.}$$

Die Lösungswärme von H_2SO_4 in H_2O ist nach Stohmann (Journal für praktische Chemie 1891, S. 11) gleich

$$\frac{17860 \cdot H_2O}{97,84 \dfrac{H_2O}{H_2SO_4} + 32,37} \quad \ldots \ldots \quad 46)$$

Hätte man in der Bombe während der Verbrennung genau 10,0 g Wasser (was durch direktes Einwiegen bewerkstelligt wird), so erhielte man z. B. bei der Bildung von 1 g H_2SO_4 nach obigem Ansatz $+126{,}69$ W. E. für Lösungswärme. Es sind ferner 1 g S in 3,058 H_2SO_4 enthalten.

Zusammengefaßt erhält man:

Jedes g H_2SO aus SO_2 gebildet gibt . . . 556,00 W. E.
\- \- H_2SO_4 in 10 g H_2O gelöst gibt . . 176,69 -
$\Sigma + 732{,}69$ W. E.

Mithin erhält man für 1 g S $= 3{,}058$ $H_2SO_4 = 732{,}69 \cdot 3{,}058 = +2240{,}5$ W. E., d. h. für jedes gefundene Prozent S sind von der Verbrennungswärme 22,40 W. E. in Abzug zu bringen.

Während die erste Korrektionsgröße (Verdampfungswärme des kondensierten Wassers) durch direkte Wägung des entstandenen Wassers in der Elementar-Analyse ermittelt wird, müssen die beiden anderen Substanzen HNO_3 und H_2SO_4 getrennt und ihre Mengen durch Titration festgelegt werden. Zu diesem Zweck gibt man zu den während der Verbrennung schon vorhandenen 10 g Wasser nach derselben eine größere Menge Wassers, spült den Bombeninhalt gut aus und erhitzt dasselbe, um etwa absorbierte Kohlensäure zu entfernen.

Man titriert nunmehr mit $^1/_{10}$ Normal-Baryt unter Zusatz von Phenolphtalein als Indikator und setzt darnach eine Natriumkarbonat-Lösung (1000 g H_2O enthalten 3,706 g Na_2CO_3) im Überschuß hinzu. Der sich bildende Niederschlag wird abfiltriert und in dem Filtrat die überschüssige Na_2CO_3-Lösung durch Filtrieren mit $^1/_{10}$ Normal-Salzsäure unter Zusatz von Methylorange bestimmt. Die chemischen Vorgänge in diesem Prozeß sind folgende:

Brennstoffuntersuchung.

Durch Zusatz von Baryt wird sowohl Schwefel- wie Salpetersäure in Bariumsulfat als auch Bariumnitrat übergeführt.

Die Na_2CO_3-Lösung formt den salpetersauren in kohlensauren Baryt um, welcher ausfällt und abfiltriert wird.

Die noch freie Na_2CO_3-Lösung wird in Natriumchlorid, NaCl, umgeformt und ihre Menge demnach durch den Verbrauch an Salzsäure, HCl, bestimmt.

Es enthält nun

    1 ccm $^1/_{10}$ Normal-Barytlösung . 0,00855 g $Ba(OH)_2$
    1 - $^1/_{10}$ Normal-Salzsäure . . 0,00365 - HCl
    1 - Na_2CO_3-Lösung . . . . 0,00370 - Na_2CO_3.

Die äquivalenten Mengen dieser Lösungen untereinander stellen sich, wie folgt, fest:

$Ba(OH)_2$ gegen Na_2CO_3:

$$Ba(OH)_2 + Na_2CO_3 = BaCO_3 + 2NaOH =$$
$$171{,}32 + 105{,}85 = 197{,}25 + 79{,}92$$

HCl gegen Na_2CO_3:

$$2HCl + Na_2CO_3 = 2NaCl + H_2O + CO_2 =$$
$$71{,}92 + 105{,}85 = 116{,}92 + 17{,}96 + 43{,}89$$

HNO_3 gegen Na_2CO_3:

$$4NO_3H + 2Na_2CO_3 = 4NaNO_3 + 2H_2O + CO_2 =$$
$$251{,}52 + 211{,}70 = 339{,}52 + 35{,}96 + 43{,}79.$$

Es entsprechen also z. B.:

$$171{,}32\ Ba(OH)_2 = 105{,}85\ Na_2CO_3$$

etc.

Ferner erhält man zusammengezogen[1]):

    10 ccm $^1/_{10}$ Normal-$Ba(OH)_2$ = 14,27 ccm Na_2CO_3-Lösung
    10 - $^1/_{10}$ Normal-HCl = 14,31 -   -   -
    0,044 g HNO_3 = 1 -   -   - .

---

[1]) Im Mittel setzt man HCl oder $Ba(OH)_2$ = 14,3 ccm Na_2CO_3.

Auf Seite 151 wurde gezeigt, daß jedem Milligramm HNO_3 0,227 W. E. Bildungswärme zukommen, d. h. daß eine Wärmeeinheit = 0,044 g HNO_3 äquivalent sind. Da nun 1 ccm Na_2CO_3-Lösung äquivalent 0,044 g HNO_3 sind, entspricht jedem ccm Na_2CO_3-Lösung 1 W. E. Abzug.

In dem vorerwähnten Beispiel wurde ermittelt:

Verbrauch an Baryt-Lösung . . . . . . 6,4 ccm
Zusatz von Natriumkarbonat-Lösung . . . 20,0 -
Verbrauch an Salzsäure . . . . 12,1 - .

Es sind weiter äquivalent:

12,1 ccm H Cl = 17,2 ccm Na_2CO_3
20,0 — 17,2 = 2,8 - für Salpetersäure
2,8 ccm Na_2CO_3 = 2,0 - $Ba(OH)_2$
6,4 — 2,0 = 4,4 - für Schwefelsäure.

Da nun 1 ccm $Ba(OH)_2$ = 0,0016 g Schwefel entsprechen, hat man hier 0,0070 g = 0,84 % S vom Brennstoffgewicht.

Man erhält ferner, wie später gezeigt werden soll, bei der Verbrennung der lufttrockenen Kohle 43,46 % vom Brennstoffgewicht Wasser.

Der Heizwert läßt sich nun, wie folgt, berechnen:

Verbrennungswärme . . . . 7437,15 W. E.
Abzug für Kondensationswärme von Wasserdampf . . . . 260,76 W. E.
Abzug für Lösungs- und Bildungswärme von Säuren aus dem Schwefel des Brennstoffs . . . . 18,82 -
Abzug für Bildungswärme von Säuren des Stickstoffs . . . . 2,80 -
In Summa . . . . . 282,38 -
Heizwert des Brennstoffs . . . . 7155 W. E.

Es ist an anderen Orten gezeigt worden, daß die Zusammensetzung von wesentlichem Einfluß auf gewisse Eigenschaften ist; aus diesem Grunde und auch ferner zur Ableitung rechnerischer Beziehungen muß die elementare Zusammensetzung des Brennstoffs ermittelt werden.

Es enthalten nun

100 Gewichtsteile Kohlensäure   27,28 Gewichtsteile Kohlenstoff

ferner

100 Gewichtsteile Wasser   11,11 Gewichtsteile Wasserstoff.

Der Brennstoff besaß weiter im lufttrockenen Zustande 3,82 %, in ursprünglichem Zustande 6,54 % hygroskopisches Wasser.

Gefunden wurden beim Verbrennen im Verbrennungsrohr:

1. $2,3248$ g $CO_2 = \dfrac{2,3248 \cdot 100}{0,8240} = 2,8213$ g CO_2 pro 1 g Brennstoff; der C-Gehalt beträgt mithin $\dfrac{27,28 \cdot 2,8213}{100}$ 76,96 % C

2. $0,3581$ g $H_2O = \dfrac{0,3581 \cdot 100}{0,8240} = 43,46 \,\%\, H_2O$; davon

ab hygroskopisches Wasser . .   3,82 -

verbleiben . . . .   39,64 % H_2O, aus dem Wasserstoff herrührend, letzterer beträgt mithin

$\dfrac{39,64 \cdot 11,11}{100}$ . . . . 4,40 % H

3. Bei der Verbrennung im Kalorimeter abgeleitet . . .   0,84 % S

4. Hygroskopisches Wasser, besonders bestimmt . . .   3,82 % H_2O

5. An Rückständ. wurden gewog. $0,0654$ g $= \dfrac{0,0654 \cdot 100}{0,8240}$ 7,94 % Rck.

6. Als Rest resp. Differenz nach 100,00 % verbleiben für Sauerstoff und Stickstoff . . . .   6,04 %.

Zusammengefaßt hat man:

Kohlenstoff (C) . . . .   76,96 %
Wasserstoff (H) . . . .   4,40 -
Schwefel (S) . . . .   0,84 -
Hygroskopisches Wasser (H_2O) . . . .   3,82 -
Rückstände (Rck.) . . . .   7,94 -
Sauerstoff und Stickstoff als Differenz (O + N) . .   6,04 -
In Summa . . . . . .   100,00 %.

Sowohl die kalorimetrische als auch die chemische Untersuchung des Brennstoffs sind im lufttrockenen Zustand durchgeführt. Für den tatsächlich vorliegenden, d. h. ursprünglichen Zustand müssen die hier gewonnenen Zahlen erst rechnerisch umgeformt werden.

Bei 6,54 % ursprünglichem Wassergehalt, entsprechend 93,46 % restierender Brennstoffsubstanz, und einem lufttrockenen Wassergehalt von 3,82 %, entsprechend 96,18 % Brennstoffsubstanz, erhält man folgende Ansätze:

$$\text{Kohlenstoff} = \frac{76,96 \cdot 93,46}{96,18} = 74,38 \text{ \% C}$$

$$\text{Wasserstoff} = \frac{4,40 \cdot 93,46}{96,18} = 4,26 \text{ - H}$$

$$\text{Schwefel} = \frac{0,84 \cdot 93,46}{96,18} = 0,82 \text{ - S}$$

$$\text{Rückstände} = \frac{7,94 \cdot 93,46}{96,18} = 7,72 \text{ - Rck.}$$

$$\text{Verbrennungswärme} = \frac{7437,15 \cdot 93,46}{96,18} = 7216,43 \text{ W. E.}$$

Die Abzüge von der Verbrennungswärme für H_2O, H_2SO_4 und HNO_3 zur Bildung des Heizwertes berechnen sich weiter, wie folgt:

H_2O; 4,26 % H $= \dfrac{100 \cdot 4,26}{11,11} = 38,34$ % H_2O aus dem
 Wasserstoff; hierzu kommen 6,54 % hygroskopisches Wasser, in Summa also 44,88 %, entsprechend
 $\dfrac{44,88 \cdot 600}{100}$ . . . . 269,28 W. E.

H_2SO_4; 0,82 % S entsprechen $0,82 \cdot 22,40$ . . . . . 18,37 -

HNO_3; gefunden wurden . . . . 2,80 -

Die totale Abzugswärme beträgt mithin . . . . . . 290,45 W. E.

Der Heizwert im ursprünglichen Zustand ergibt sich demnach zu (7216,43 — 290,45) . . . . 6926 W. E.

Eine weitere Kontrolle des Brennstoffs ist in der Ermittlung der Koksausbeute resp. der Gasgiebigkeit gegeben, einmal um ein Urteil über die Gattung des Brennstoffs zu gewinnen, also ob Gaskohle, Flammkohle, Fett- oder Magerkohle, ferner um die Verwendbarkeit für irgend einen Zweck, z. B. für Vergasung in Generatoren, zu konstatieren.

Zur Klassifizierung der Hauptgruppen dienen folgende Angaben:

Gaskohlengruppe, flüchtige Bestandteile größer als 35 %:
Fettkohlengruppe,   -   -   15 bis 35 - ;
Magerkohlengruppe,   -   -   geringer als 15 - .

Zur Feststellung der Charakteristik empfiehlt sich die Anwendung der Blähprobe nach den Normen des berggewerkschaftlichen Laboratoriums in Bochum, welche die konstantesten Werte ergibt und die außerdem mit den Betriebszahlen die beste Übereinstimmung zeigen.

Ein Platintiegel von 22 mm Bodendurchmesser und 35 mm Höhe, mit einem fest übergreifenden Deckel versehen, ist zur Ausführung dieser Probe nötig; in der Mitte des Deckels ist ein Loch von 2 mm Öffnung.

Als Inhalt wird 1 g des zu untersuchenden Brennstoffs eingewogen und der Tiegel in ein dünnes Platindreieck gestellt, hierauf in der 18 cm totale Höhe habenden Gasflamme eines Bunsenbrenners erhitzt und zwar in einer Anordnung, daß der Tiegel 6 cm vom Gasbrennerrand entfernt ist.

Zeigt sich an der Öffnung kein Flämmchen mehr, so wird die Erhitzung eingestellt und der erhaltene Koks charakterisiert und gewogen.

Beispielsweise wird man einen als Magerkohle festgestellten Brennstoff in einem Schwelgenerator nicht anwenden, während dieser für einen Druck-Mischgasgenerator gerade geeignet wäre. Bemerkt sei noch, daß die Koksausbeute meist in Prozenten der Rohkohle, die Gasgiebigkeit jedoch auf Prozente der brennbaren Substanz — also asche- und wasserfreier Brennstoff — angegeben wird.

Mit der laufenden Erkenntnis der Brennstoff-Qualität ist jedoch für die Art der Betriebsführung nichts gewonnen, weshalb eine zweite und gleiche Wichtigkeit besitzende Kontrolle in Bezug auf die Vorgänge der Vergasung bei Generatoren, der Belastung der Heizfläche und den Nutzeffekt bei Dampferzeugungsanlagen kontinuierlich durchgeführt werden muß und welche sich demnach eigentlich auf die Tätigkeit des Heizers erstreckt.

18. Die laufende Kontrolle des Gasgenerator-Betriebes.

Die laufende Kontrolle der Reaktionen in Gasgeneratoren ist von der gleichen Wichtigkeit wie z. B. die dauernde Ermittlung der Zusammensetzung von Verbrennungsgasen in Feuerungsanlagen. Während für diesen Zweck einfache und verläßlich funktionierende Hilfsmittel zur Verfügung stehen — Apparate Figuren 24 bis 28 — hat man außer dem Gas-Untersuchungsapparat, Figur 22—23, weiter keine mechanisch wirkenden Hilfsmittel. Es liegt auch klar auf der Hand, daß mit diesem Instrument und nach dieser Methode eine kontinuierliche Kontrolle der Vergasungserscheinungen schwer oder meist garnicht durchführbar ist.

Von welcher einschneidenden Bedeutung in Bezug auf den Nutzeffekt des Wärmeumsatzes anormale Erscheinungen neben den normalen Vergasungsvorgängen sind, läßt sich an einem hier erörterten Beispiel erkennen. Zu Grunde gelegt sei die Mischvergasung des Kohlenstoffs unter folgenden Reaktionen:

$$C + 2 H_2 O = CO_2 + 2 H_2$$
$$-18967{,}20 \qquad 141200{,}00$$
$$C + O = CO$$
$$29227{,}14 \qquad 67005{,}66\,.$$

Um die $-18967{,}20$ W. E. aus der Wasserdampfzerlegung zu realisieren, müßte die Vergasung durch freien Sauerstoff gemäß $C + O = CO$ zweimal für die Reaktion $C + 2 H_2 O = CO_2 + 2 H_2$ durchgeführt werden; dann erhält man den normalen Vergasungsvorgang zu

$$3 C + O_2 + 2 H_2 O = CO_2 + 2 CO + 2 H_2.$$

Aus 35,73 Kohlenstoff, 31,76 Sauerstoff und 35,76 Wasserdampf bekommt man demnach 103,25 kg Mischgas folgender Zusammensetzung:

Der Gasgenerator-Betrieb. 159

$$\begin{aligned}22{,}219 \text{ cbm} &= 19{,}95\,\%\ CO_2\\ 44{,}441\ \text{-} &= 39{,}92\ \text{-}\ CO\\ 44{,}667\ \text{-} &= 40{,}13\ \text{-}\ H.\end{aligned}$$

Da nun atmosphärische Luft als Sauerstoffträger auftritt, erhält man weiter folgende Gasmengen und Zusammensetzungen:

$$\begin{aligned}22{,}219 \text{ cbm} &= 11{,}39\,\%\ CO_2\\ 44{,}441\ \text{-} &= 22{,}79\ \text{-}\ CO\\ 44{,}667\ \text{-} &= 22{,}91\ \text{-}\ H\\ 83{,}645\ \text{-} &= 42{,}91\ \text{-}\ N\end{aligned}$$

zusammen 194,972 cbm = 100,00 %.

Die anormale Nebenreaktion, welche nun wärmeverzehrend auftreten kann, ist einfach zu suchen in der direkten Verbrennung des Kohlenstoffs zu Kohlensäure; man hat hierfür

$$C + O_2 = CO_2;$$

wiederum bei Verwendung atmosphärischer Luft als Sauerstoffträger erhält man bekanntlich

$$\begin{aligned}22{,}224 \text{ cbm} &= 20{,}96\,\%\ CO_2\\ 84{,}822\ \text{-} &= 79{,}04\ \text{-}\ N\end{aligned}$$

zusammen 107,046 cbm = 100,00 %.

In den hier angeführten Beispielen sind weiter folgende Annahmen gemacht:

Fall I: der Kohlenstoff wird mit 100 % nach der normalen Reaktion vergast;

Fall II: der Kohlenstoff wird mit 95 % nach der normalen Reaktion vergast, 5 % desselben werden anormal zu CO_2 verbrannt;

Fall III: der Kohlenstoff wird mit 90 % nach der normalen Reaktion vergast, 10 % desselben werden anormal zu CO_2 verbrannt;

Fall IV: der Kohlenstoff wird mit 85 % nach der normalen Reaktion vergast, 15 % desselben werden anormal zu CO_2 verbrannt.

Die Gasausbeuten, Umsetzungswerte etc. sind dann folgende:

	Fall No. I	II	III	IV
Zusammensetzung des Gases in cbm CO_2	22,219	22,219	22,219	22,219
CO	44,441	42,218	39,996	37,77
H	44,667	42,433	40,200	37,96
N	83,645	83,703	83,762	83,82
Summa . . . . cbm	194,972	190,573	186,177	181,78
Zusammensetzung des Gases in % CO_2	11,39	11,66	11,93	12,22
CO	22,79	22,15	21,48	20,78
H	22,91	22,26	21,59	20,88
N	42,91	43,93	45,00	46,12
Heizwert des Gases pro 1 cbm W. E. .	1290	1254	1216	1176
In Generatorgas umgesetzte Wärmemenge . . . . W. E.	251513,880	238978,542	226391,232	213773,5
Im Kohlenstoff vorhandene Wärmemenge . . . . W. E.	288698,40	288698,40	288698,40	288698,4
Nutzeffekt des Vergasungsprozesses ohne Berücksichtigung der Gaseigenwärme . . . . %	87,12	82,77	78,42	74,04

Aus diesen Zahlen ergibt sich der große Einfluß der anormalen Nebenreaktion auf den Effekt des Wärmeumsatzes im Generator zur Genüge.

Neben der geringen Änderung in der Zusammensetzung des Gases tritt weiter eine Änderung in der Dichtigkeit desselben auf, welche als bequemer Ausweis über die Art der im Generator vor sich gehenden Prozesse benutzt werden kann. Es kommt hierzu der Apparat Figur 15, Seite 109 mit dem Mikromanometer, in Figur 14, Seite 105 besonders dargestellt, zur Verwendung.

Für die Fälle I bis IV berechnen sich die Dichtigkeiten der Gase und die Pressungsdifferenzen bei 2 m Gassäule gegenüber dem Luftdruck wie folgt.

	Fall No.			
	I	II	III	IV
...wichtsbestimmung pro 1 cbm Gas:				
$\%$ CO_2 mal Gew. pro 1 cbm : 100 =	22,382489	22,913066	23,443643	24,013522
CO - - - - - - =	28,498895	27,698575	26,860740	25,985390
H - - - - - - =	2,050445	1,992270	1,932305	1,868760
N - - - - - - =	53,834886	55,114578	56,457000	57,862152
...gewicht pro 1 cbm in kg	1,0677	1,0771	1,0869	1,0973
...erenzgewicht gegen 1 cbm Luft in kg	0,2235	0,2141	0,2043	0,1939
...ssungsdifferenz der Gassäule gegenüber der Luftsäule, mm H_2O-Säule	4,470	4,282	4,086	3,878
...schlag in mm am Mikromanometer, Wert des Vergas.-Proz. I als Null angenommen	0,000	75,20	153,60	236,80

Man erhält demnach sehr nennenswerte Ausschläge, welche eine annähernde Kontrolle der Vergasungsvorgänge sicher und laufend gestatten, namentlich dann, wenn der Betriebsführer an der Hand exakter Gasuntersuchungen empirische Werte zwischen Dichtigkeit und Nutzeffekt eines Generators auf die Skala des Manometers trägt.

Irgend einem Betriebe entnommene Gasuntersuchungen ergaben beispielsweise folgende Beziehungen:

		No.		
		I	II	III
Gaszusammensetzung in %	CO_2 . .	10,2	13,2	10,1
	CO . . .	17,2	16,1	16,7
	CH_4 . .	1,5	—	—
	H . . .	24,8	26,7	24,3
	N . . .	46,3	44,0	48,9
Gewicht pro 1 cbm Gas in kg		1,0293	1,0366	1,0426
Heizwert pro 1 cbm Gas in W. E. . .		1295	1183	1139

Auch hier sind die Beziehungen untereinander klar ersichtlich. Das betriebstechnisch wertvollste Gas besitzt wieder wie in dem rechnerisch abgeleiteten vorigen Beispiel die

Fuchs.

geringste Dichtigkeit. Der Betriebsführer hat hiermit ein bequemes Mittel an der Hand, um auf Grund experimentell ermittelter Werte eine Gleichheit in den Vergasungsreaktionen zu erlangen, ohne immer mit komplizierten Gasuntersuchungen Zeit aufzubrauchen.

19. Die laufende Kontrolle des Dampfkessel-Betriebes.

Mit der Zunahme des Luftüberschusses und der Anteilnahme unverbrannten Materials in den Herdrückständen fällt gemäß den Ausführungen auf Seite 51 der Nutzeffekt der Feuerungs-Anlage. Ferner gibt es eine Belastung der wärmeaufnehmenden Heizfläche, bei welcher das Aufnahmevermögen ein maximales ist, darüber hinaus oder darunter wird die Anteilmenge absorbierbarer Wärme geringer; zur Illustrierung dieses Satzes kann auf die Seite 69 gebrachten Untersuchungsergebnisse verwiesen werden.

Um diese ineinanderlaufenden Vorgänge bei der Dampferzeugung, der Wärmeentbindung einerseits und der Wärmeaufnahme durch eine Heizfläche unmittelbar darauf andererseits, zahlenmäßig vor Augen zu führen, sind eine Reihe von Versuchen durchgeführt worden, welche als Einleitung zu diesem Abschnitt mitgeteilt werden sollen; die Untersuchungen wurden an einem mit Planrost versehenen Wasserrohrkessel von L. und C. Steinmüller, Gummersbach, gemacht.

Als in Betracht kommende Konstanten sind anzuführen:

Totale Rostfläche . . . . 6,410 qm
Freie Rostfläche . . . . 1,640 -
Gesamt-Querschnitt des Verbrennungsluft-
    Eintritts . . . . 1,258 -
Gesamt-Querschnitt für den Verbrennungs-
    gaseintritt in die Heizfläche . . . . 0,868 -
Gesamt-Querschnitt für den Verbrennungs-
    gasaustritt aus der Heizfläche . . . . 1,362 -
Heizfläche des Dampfkessels . . . . . 425 -

Art der Versuche: Gleichartige und gleiche Mengen von Brennstoff sind mit wechselndem Luftüberschuß verfeuert worden; Beobachtungen wurden weiter bei verschiedener Beanspruchung der Rost- resp. Heizfläche durchgeführt. Im Beobachtungsprotokoll ist durch die fettgedruckten Zahlen, also die der Versuche 1, 3, 5, 7 und 9 Zusammengehörigkeit in bezug auf den Effekt der Wärmeentbindung aus dem Brennstoff zum Ausdruck gebracht; der Wärmeumsatz war hier ein maximaler, während in den Versuchen 2, 4, 6, 8 und 10 eine minimale Ausnutzung zu verzeichnen ist.

Es wurde beobachtet: (Siehe Tabelle Seite 164—165.)

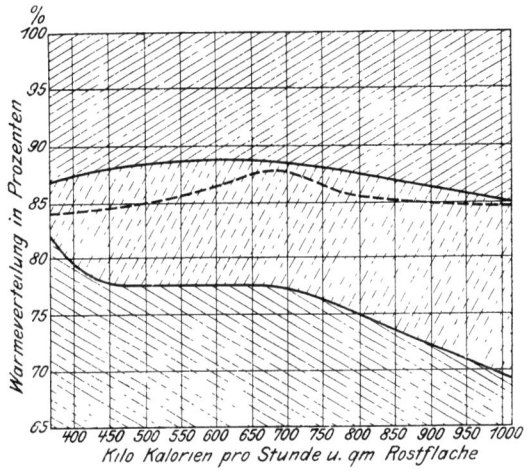

Fig. 34.

Der besseren Übersicht wegen sind die Versuchsdaten graphisch in dem Diagramm Figur 34, 35, 36 dargestellt und zwar in 34 die Versuche No. 1, 3, 5, 7, 9, in 35 die Versuche No. 2, 4, 6, 8, 10, in 36 die Differenzen der Abwärmeverluste und der Nutzeffekte der Dampfanlage. Es bedeutet ferner in der Schraffur a der Abwärmeverlust, b der Differenzverlust für Strahlung und Leitung, c der Nutzeffekt, d die Differenzen $34c-35c$ und e endlich die Differenzen $34a-35a$.

Die mögliche Brennstoffersparnis durch mehr oder minder gute Betriebsführung beträgt mithin bei den hier vorliegenden

164 Die Kontrolle des Kraftgas- und Dampfkessel-Betriebes.

Brennstoff: Englische Förderklein-K

Versuch No.	1	2	3	4
Versuchsdauer	7 Std. 47'	7 Std. 49'	7 Std. 43'	7 Std.
Heizwert des Brennmaterials	7041 W. E.	7077 W. E.	6876 W. E.	6789 V
Kohlen verfeuert, total	2602 kg	2599 kg	3375 kg	3440
Kohlen verfeuert pro Std. qm Rost-Fläche	52,15 kg	51,86 kg	67,95 kg	68,05
Kilo Kalorien pro Std. qm Rost-Fläche	367,1	367,0	467,2	461,
Wasser verdampft, total	24 860 kg	21 471 kg	28 382 kg	26 75'
Wasser verdampft pro Std. qm Heiz-Fläche	7,51 kg	6,46 kg	8,65 kg	7,9
Wasser-Temperatur	35,35° C.	40,58° C.	34,05° C.	41,61°
Dampfdruck, abs.	10,32 kg	10,23 kg	10,48 kg	10,33
Verdampfungsziffer	9,17 kg	8,26 kg	8,41 kg	7,78
Verdampfungsziffer bezogen auf 636,72 W. E. Erzeugungswärme	9,09 kg	8,04 kg	8,28 kg	7,57
Verbrennungsgastemperatur am Ende der Heizfläche	240,98° C.	241,40° C.	239,95° C.	258,58°
Verbrennungslufttemperatur	14,43° C.	17,55° C.	17,54° C.	18,38°
Vol.-Proz. CO_2 in den Verbrennungsgasen	11,14 %	6,56 %	11,68 %	6,83 °
Diff.-Zug in mm H_2O-Säule zwischen Anfang und Ende der Heizfläche	6,03 mm	10,66 mm	6,76 mm	14,36 r
Verbrennungsluftmenge, theoret.	9,51 kg	9,50 kg	8,84 kg	8,88
Verbrennungsgasmenge, theoret.	10,44 kg	10,44 kg	9,60 kg	'9,61
Luftüberschuß	1,63	2,75	1,55	2,68
Verbrennungsluftmenge, tatsächl.	15,50 kg	26,15 kg	13,76 kg	23,79
Verbrennungsgasmenge, tatsächl.	16,43 kg	27,04 kg	14,88 kg	24,52
Luft pro Sek. in kg	1,439 kg	2,414 kg	1,664 kg	2,882
v in m sekundl.	0,878 m	1,473 m	1,015 m	1,757
Nutzeffekt der Dampfkesselanlage	82,26 %	72,37 %	77,45 %	70,78 %
Abwärmeverlust	13,32 %	21,53 %	11,82 %	20,76 %
Differenzverlust für Leitung etc.	4,42 %	6,10 %	10,73 %	9,16 %
Summa	100,00 %	100,00 %	100,00 %	100,00 °

Der Dampfkessel-Betrieb.

dem Lancashire-Revier.

5	6	7	8	9	10
Std. 43'	7 Std. 54'	**7 Std. 29'**	7 Std. 41'	**7 Std. 36'**	7 Std. 16'
2 W. E.	6971 W. E.	**7050 W. E.**	6950 W. E.	**7002 W. E.**	7132 W. E.
569 kg	4633 kg	**5314 kg**	5556 kg	**7063 kg**	6271 kg
,38 kg	91,49 kg	**110,73 kg**	112,81 kg	**144,89 kg**	134,60 kg
678,2	637,7	**780,6**	784,3	**1014,5**	959,9
437 kg	37 421 kg	**45 284 kg**	43 680 kg	**54 670 kg**	49 604 kg
,63 kg	11,14 kg	**14,24 kg**	13,37 kg	**16,93 kg**	16,06 kg
,08° C.	35,35° C.	**37,39° C.**	34,92° C.	**35,41° C.**	36,20° C.
,58 kg	10,46 kg	**10,83 kg**	10,46 kg	**10,69 kg**	10,55 kg
,06 kg	8,07 kg	**8,52 kg**	7,86 kg	**7,74 kg**	7,91 kg
,90 kg	7,93 kg	**8,35 kg**	7,73 kg	**7,61 kg**	7,77 kg
,06° C.	271,73° C.	**286,85° C.**	304,52° C.	**310,59° C.**	326,93° C.
,33° C.	18,09° C.	**20,42° C.**	17,80° C.	**15,18° C.**	29,03° C.
,89 %	8,67 %	**14,23 %**	10,11 %	**14,56 %**	11,94 %
,38 mm	16,18 mm	**10,76 mm**	18,91 mm	**16,14 mm**	23,09 mm
,55 kg	9,20 kg	**9,50 kg**	9,20 kg	**9,51 kg**	9,53 kg
,46 kg	10,03 kg	**10,44 kg**	10,17 kg	**10,44 kg**	10,46 kg
1,31	2,09	**1,27**	1,79	**1,25**	1,52
,51 kg	19,22 kg	**12,06 kg**	16,46 kg	**11,88 kg**	14,58 kg
,16 kg	20,05 kg	**13,00 kg**	17,43 kg	**12,81 kg**	15,51 kg
,057 kg	3,131 kg	**2,377 kg**	3,306 kg	**3,062 kg**	3,494 kg
,255 m	1,911 m	**1,451 m**	2,019 m	**1,869 m**	2,133 m
,45 %	72,48 %	**75,49 %**	70,88 %	**69,24 %**	69,37 %
,53 %	18,41 %	**12,43 %**	18,33 %	**15,31 %**	15,64 %
,02 %	9,11 %	**11,08 %**	10,79 %	**15,45 %**	14,99 %
,00 %	100,00 %	**100,00 %**	100,00 %	**100,00 %**	100,00 %

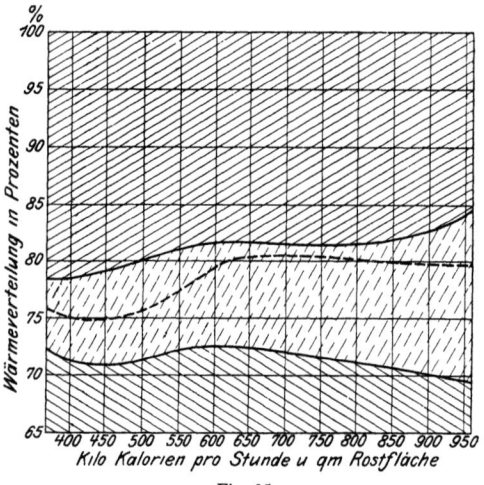

Fig. 35.

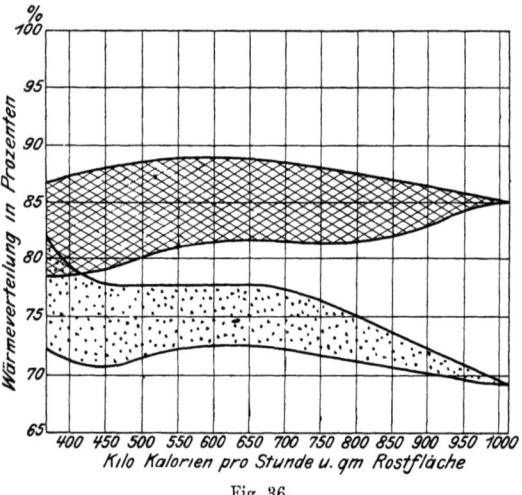

Fig. 36.

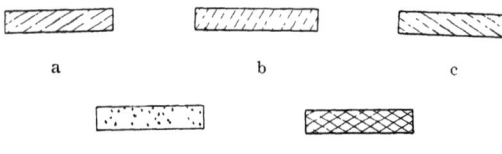

Verhältnissen und Verfeuerungen von stündlich pro 1 qm Rostfläche:

$\searrow$ 50 kg = 13,66 %
$\sim$ 70 - = 9,42 -
$\searrow$ 90 - = 6,85 -
$\sim$ 110 - = 6,50 -
$\sim$ 140 - = 0,00 -

Man erkennt, daß mit der Zunahme der Beanspruchung der Zugansaugungsanlage die Größe des Luftüberschusses fällt und schließlich bei einer maximalen Inanspruchnahme ein variables Verfeuern in bezug auf Luftüberschuß unmöglich ist, d. h. die Zugansaugungsanlage ist erschöpft. Das Minimum an Luftüberschuß, mit welchem dieser oder jener Brennstoff verfeuert werden kann, hängt neben den zuerst angeführten Gründen auch von örtlichen, in der Feuerungsanlage selbst gegebenen Verhältnissen ab: Hat man beispielsweise eine Anordnung, bei welcher der Zugang zu der Rostfläche durch 4 Feuertüren ermöglicht wird und die Verbrennungsgase in einem mit gemeinschaftlichem Schieber versehenen Abzugskanal die Heizfläche verlassen, so muß beim Öffnen einer Feuertür ein überschüssiges Quantum Luft mehr durch die Heizfläche als bei geschlossener Tür gelangen, weil der zuströmenden Luft ein sehr viel größerer Reibungswiderstand durch die Brennstoffschicht als durch die Feuertüröffnung geboten wird. In diesem Fall würde man bei Verwendung mechanischer Rostbeschickung mit einem geringeren Luftüberschuß auskommen als bei der soeben erörterten Anordnung. Ferner wird der Luftüberschuß hierbei um so mehr anwachsen, als die Eigenart dieses oder jenes Brennstoffes mehr oder minder große Bearbeitung mit dem Schürhaken etc. erfordert, wozu selbstverständlich ein öfteres Öffnen der Feuertür erforderlich ist, d. h. mehr Verbrennungsluft pro Zeiteinheit durch die Heizfläche abzieht. Wie groß diese Anteile überschüssiger Luft sind, zeigen einige Beobachtungen mit annähernd gleichem Brennstoff an der hier erwähnten Feuerungsanlage. In allen Fällen wurde der Luftüberschuß möglichst gering gehalten: in

Versuch 1 blieb der Essenschieber konstant geöffnet, in Versuch 2 wurde konstante Zuggeschwindigkeit sowohl während des Beschickens als auch des Abbrennens eingehalten, in Versuch 3 endlich wurde bei jedesmaligem Öffnen der Feuertür die Zuluft bis auf ein denkbar geringstes Quantum gedrosselt. Es wurde erhalten:

	Versuch No.		
	1	2	3
Versuchsdauer	8 Std. 10'	8 Std. 9'	8 Std. 9'
Kohlen, verfeuert total	6218	6002	5378 kg
Desgl. pro Stunde	760,8	735,8	659,5 -
Desgl. pro Stunde und Quadratmeter Rostfläche	118,7	114,8	102,9 -
Summa des Öffnens der Feuertür .	318	336	306 mal
Anteil der Zeit der offenen Feuertür im Verhältnis zur Versuchsdauer	32,4	30,8	29,6 %
Differenzzug bei geöffneter Feuertür zwischen Anfang und Ende Heizfläche	18,75	14,68	4,60 mm
Desgl. bei geschlossener Feuertür .	15,46	15,14	13,55 -
Desgl. mittlere Zuggeschwindigkeit	**16,52**	**14,82**	**10,90** -
Geschwindigkeit der Zuluft in kg/m/sek.	1,90	1,80	1,49 m/sek
Stündlich zutretende Luftmenge .	11 204	10 611	8786 kg
Pro 1 kg Brennstoff verwandte Luftmenge	14,72	14,42	13,32 -
Theoretische Luftmenge pro 1 kg Brennstoff	9,51	9,43	9,22 -
Luftüberschußkoeffizient	**1,54**	**1,52**	**1,44** fach

In Figur 37 sind diese Ergebnisse graphisch dargestellt. Es sind sowohl der CO_2-als auch O-Gehalt in den Verbrennungsgasen abgebildet, die Zugdifferenzzahlen sind der besseren Übersicht wegen in doppelter Länge, als ganze Versuchsdauer, aufgetragen. Das Auf- und Abwandern der Kurven bei der Zugdifferenz entspricht immer einem Öffnen resp. Schließen der Feuertüren.

Luftregelung an der Dampfkessel-Feuerung.

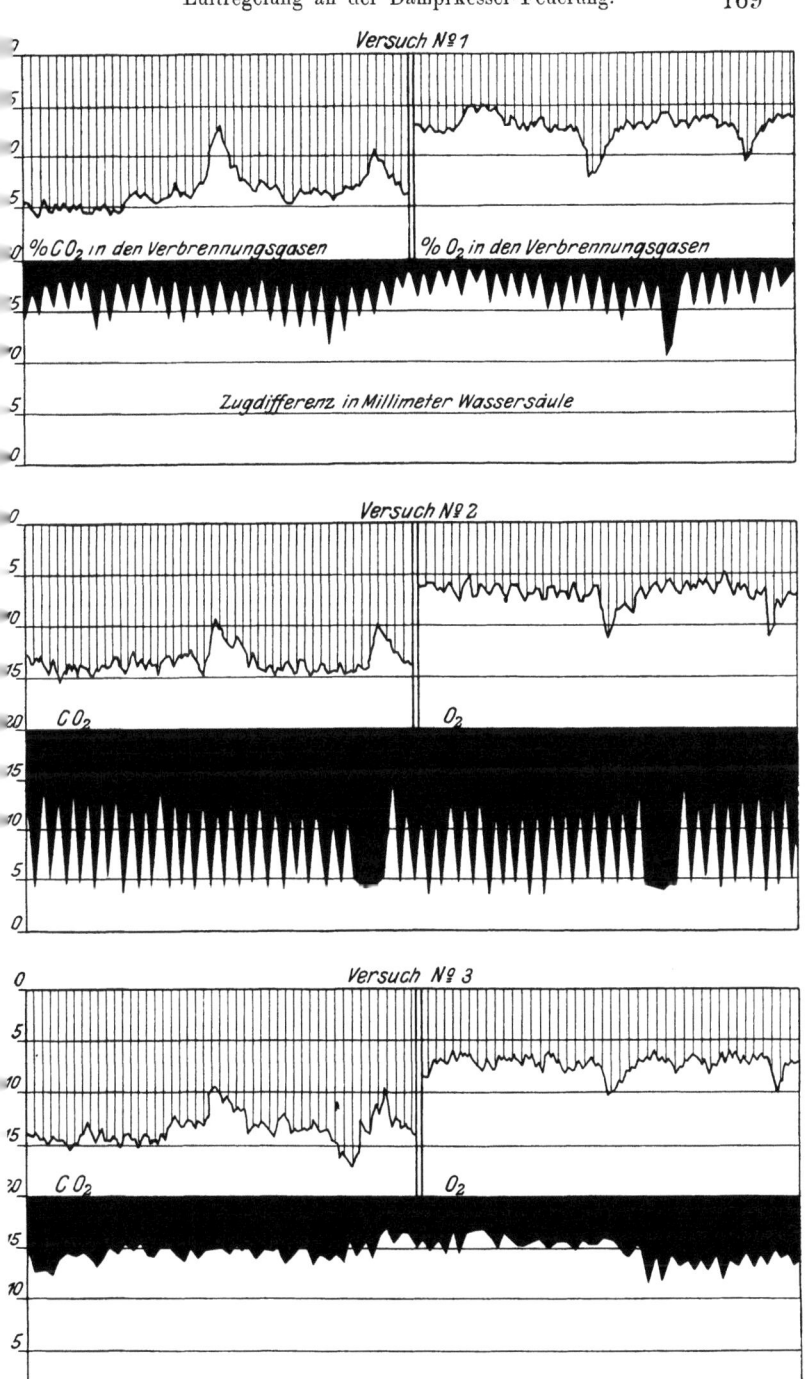

Man erreicht bei der Drosselung während des Öffnens der Feuertür wohl einen Erfolg, jedoch so minderwertiger Natur, daß derselbe in gar keinem annehmbaren Verhältnis zu der aufgewandten Arbeitsleistung beim Drosseln der Zuluft steht, weshalb diese Luftüberschußverhinderung füglich unterbleibt. Außerdem geht hier die Leistungsfähigkeit der Rostanlage in Versuch No. 2 um 3,29 und in Versuch No. 3 um 13,32 % gegen die in Versuch No. 1 herunter, ein Umstand, der nicht eintritt, wenn für jede Feuertür nebst dazu gehöriger Rostfläche ein Gasweg mit besonderer Absperrvorrichtung vorhanden wäre.

Man würde in diesem Fall also im Mittel einen anderthalbfachen Luftüberschuß bei einer stündlichen Rostbelastung von $\sim$ 120 kg Brennstoff pro 1 qm als Norm bezeichnen können.

Zu einer wirksamen Kontrolle — und das läßt sich mit eindeutiger Sicherheit aus den hier mitgeteilten Untersuchungen ableiten — gehört nicht nur die Untersuchung der Verbrennungsvorgänge, sondern man muß auch einen Einblick in die Verwendung der erzeugten Wärme, also in die Funktionen der Dampfkesselheizfläche selbst, erlangen.

Demnach muß man die Art der Verfeuerung des Brennstoffs, also den Nutzeffekt der Feuerungsanlage, kennen, ebenso wie man auch die Erkenntnis der jeweilig produzierten Dampfmenge oder der Belastung der Heizfläche haben muß.

Zur direkten Ermittlung des Nutzeffektes des Feuerungsprozesses dient in erster Linie die Untersuchung der Verbrennungsgase mit den Apparaten Figur 26 und Figur 28 auf den Kohlensäure- oder auch auf den Sauerstoffgehalt hin. Würden ferner, vorausgesetzt daß mehrere Dampferzeuger in Betrieb sind, an demselben Kessel kontinuierlich Aufzeichnungen seiner produzierten Dampfmenge gemacht, so hätte man eine einwandsfreie, eindeutige Kontrolle, welche wertvolle Daten gibt, immerhin aber zur Durchführung eines vollkommen geschulten Aufsichtsbeamten bedarf, welcher aus den Diagrammen die notwendigen Konsequenzen zu ziehen weiß. Deshalb wird dieser richtige, jedoch umständliche Weg fast nur bei einzelnen Versuchen angewandt und zur laufenden Kontrolle Verfahren benutzt, die eine genügende Annäherung an das gesteckte Ziel auf Grund einfacher Messungen gestatten.

Benutzt werden neben der schon erwähnten Bestimmung der Dampfgschwindigkeit Angaben der Zuggeschwindigkeit resp. des Unterdrucks der Verbrennungsgase, weshalb auf diese Art der Untersuchungen näher eingegangen und an Beispielen, die Verwendbarkeit als Kontrolle erwiesen werden soll.

Zum Ansaugen der Luft, welche das Brennmaterial auf dem Rost oxydieren soll, ist eine Energiemenge notwendig, welche entweder durch die Gewichtsdifferenzen der heißen, im Schornstein befindlichen Verbrennungsgassäule gegenüber einer gleich großen Luftsäule von der augenblicklich herrschenden Außentemperatur erzeugt — der sogenannte natürliche Zug — oder auch durch Verwendung saugender resp. drückender Ventilatoren — den sogenannten künstlichen oder mechanischen Zug — gebildet wird. Die gesamt aufzuwendende Arbeit zur Zugerzeugung zerfällt in zwei wesentlich verschiedene Momente:
1. in die Arbeit zur Erzeugung der eigentlichen Zuggeschwindigkeit selbst und
2. in die Arbeit zur Überwindung der Widerstände auf dem Rost und innerhalb der Heizfläche des Dampfkessels.

Zur Erzeugung der eigentlichen Zuggeschwindigkeit v in Metern pro Sekunde ist ein Druckunterschied p_0 erforderlich, welcher sich nach der Formel

$$p_0 = \frac{v^2}{2g} \cdot s,$$

in welcher g die Beschleunigung durch die Schwere und s das Gewicht eines Kubikmeters des bewegten Gases in Kilogramm bedeutet, berechnen läßt.

Der durch die Widerstände notwendige Druckunterschied r läßt sich für die hier in Frage kommenden Verhältnisse durch eine Formel nicht ausdrücken, weil die Widerstandsmomente auf der Rostfläche, innerhalb der Feuerzüge etc. variabler Natur sind.

Die Gesamtarbeit zur Zugerzeugung p_1 endlich läßt sich nach der Formel

$$p_1 = \frac{v^2}{2g} \cdot s + r \quad \ldots \ldots \quad 47)$$

darstellen.

In welchem Verhältnis die Werte p_0, r und p_1 zu einander stehen, zeigt der nachstehend mitgeteilte Versuch an dem schon erwähnten Wasserrohrkessel von 425 qm Heizfläche und 6,41 qm totale, 1,64 qm effektive Rostfläche.

Stündlich verfeuerte Kohlenmenge . . = 723,11 kg
Stündlich pro 1 qm Rostfläche verfeuerte Kohlenmenge . . . . . = 112,81 kg
Sekundlich verfeuerte Kohlenmenge . = 0,200 kg
Luftbedarf pro 1 kg Kohle bei 1,79 fachem Luftüberschuß = 14,06 cbm = 14,51 cbm Verbrennungsgas.

Gaszusammensetzung:

CO_2	O	H_2O	N
10,11 %	8,06 %	3,31 %	78,72 %.

Temperatur der Verbrennungsluft = 17,8° C.,
$s = 1{,}217$ kg.

Luftweg durch die Aschklappen bis unter den Rost
: Querschnitt der Lufteintrittsöffnung = 1,258 qm;
sekundlich = 2,813 cbm Luft; $v = 2{,}235$ m/sek.
$p_0 = 0{,}371$ mm; $r = 0{,}449$ mm;
$p_1 = 0{,}82$ mm Wassersäule.

Luft-Verbrennungsgasweg durch den Rost, die Kohlenschicht bis über die Feuerbrücke zum Heizflächenanfang
: Querschnitt der Verbrennungsgaseintrittsöffnung zum Heizflächenanfang = 0,868 qm;
Temperatur der Verbrennungsgase 1089° C.,
$s = 0{,}265$ kg:
sekundlich = 14,279 cbm Gas: $v = 16{,}455$ m/sek.
$p_0 = 3{,}520$ mm; $r = 7{,}180$ mm;
$p_1 = 11{,}52$ mm Wassersäule.

Verbrennungsgasweg von Anfang bis Ende Heizfläche zum Abgaskanal
: Querschnitt der Verbrennungsgasaustrittsöffnung in den Abgaskanal = 1,362 qm
Temperatur der Verbrennungsgase 304,5° C.;
$s = 0{,}636$ kg
sekundlich = 5,951 cbm Gas; $v = 4{,}376$ m/sek.
$p_0 = 0{,}620$ mm; $r = 16{,}790$ mm;
$p_1 = 28{,}93$ mm Wassersäule.

Der Wert p_1 am Heizflächenende wird mithin

28,93 mm Wassersäule,

welcher sich, wie folgt, zusammensetzt:

Lufteintrittsgeschwindigkeit	$= 0{,}371$ mm p_0
Reibungsarbeit hierbei	$= \ldots \ldots 0{,}449$ mm r
Luftverbrennungsgasgeschwindigkeit bis Anfang Heizfläche	$= 3{,}520$ mm p_0
Reibungsarbeit hierbei	$= \ldots \ldots 7{,}180$ mm r
Verbrennungsgasgeschwindigkeit bis Ende Heizfläche	$= 0{,}620$ mm p_0
Reibungsarbeit hierbei	$= \ldots \ldots 16{,}790$ mm r
$\Sigma =$	$4{,}511$ mm p_0; $24{,}419$ mm r

$$p_1 = (p_0 + r) = 28{,}93 \text{ mm Wassersäule.}$$

Mithin beträgt die zur Überwindung der Widerstände notwendige Arbeit 5,91 mal soviel von der zur eigentlichen Geschwindigkeit nötigen Energie. Diese Beziehungen sind in der Figur 38 räumlich dargestellt, der Gesamtgasweg ist abgewickelt gezeichnet; es bedeutet E den Lufteintritt, R die Rostfläche, Fe die Feuerbrücke mit dem Heizflächenanfang H. Fl., Fu endlich den am Heizflächenende anschließenden Abgaskanal. Man ersieht, wie äußerst gering der zur Erzeugung der eigentlichen Zuggeschwindigkeit notwendige Druckunterschied p_0 wird, während der Reibungswiderstand r beträchtlich viel größer ist.

Die Summation dieser Werte gelangt in der höchsten Kurve zum Ausdruck, das ist der Wert, der durch ortsübliche Zugmessung als Zugzahl in Millimetern Wassersäule ausgedrückt wird.

Die Zugzahl wird sowohl über dem Rost als auch im Abgaskanal kurz vor dem Essenschieber ermittelt, d. h. sowohl am Anfang als auch am Ende der Heizfläche, indem man durch entsprechende Manometer den Unterdruck an diesen Stellen gegenüber dem augenblicklich herrschenden Atmosphärendruck in Millimetern Wassersäule ermittelt. Es liegt klar auf der Hand, daß bei gleicher Belastung der Rostfläche mit gleichem Brennstoff und gleichem Luftüberschuß das erzeugte Verbrennungsgasquantum konstant ist und daß deshalb die Gasgeschwindigkeit innerhalb der Heizfläche ebenfalls gleich bleiben muß.

Die Summa p_1 ist mithin in diesem Fall innerhalb der Heizfläche H. Fl. konstant:

$$p_1 = (p_0 + r\,H.\,Fl.) = \text{konst.}$$

Mit der Zunahme der Zeitdauer der gleichen Rostbelastung etc. wächst jedoch die Schichthöhe der Rückstände aus dem

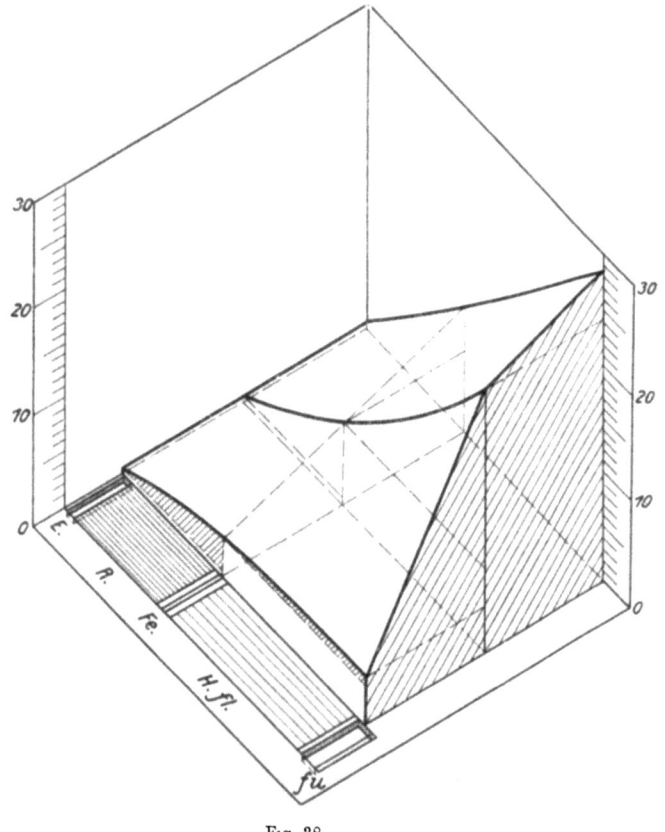

Fig. 38.

Brennmaterial auf der oberen Rostfläche Rfl. an; man erhält mithin für p_1 von Anfang Lufteintritt bis Ende der Heizfläche zwei verschiedene Funktionen, nach welcher die Geschwindigkeitshöhe p_0 konstant und der Reibungswiderstand r als Funktion der Zeit t auftritt:

$$p_1 = p_0 + r\,H.\,Fl. + p_0\,Rfl. = \text{konst.} + r\,Rfl. = f\,t.$$

Das heißt nun nichts anderes, als daß die Summe sämtlicher Druckdifferenzen p_1 kein Maß für die Geschwindigkeit resp. das Quantum der entwickelten Verbrennungsgase abgibt, sondern daß verschiedene p_1 gleichen Luft- resp. Verbrennungsgasmengen entsprechen können. Der Ausdruck p_1 gibt also weder eine Maßgabe für die Gasmengen, welche die Kesselheizfläche durchströmen, noch eine Relation irgendwie hierfür an und ist deshalb mit dieser Erkenntnis für die Betriebsaufsicht einer Feuerung garnichts gewonnen. Ferner gibt diese Zugmessung auch keine in sinngemäßer Folge verlaufenden Angaben, sodaß z. B. bei großer Zugzahl eine kleinere Luftmenge durch den Rost tritt und umgekehrt. Stellt man sich die Saugekraft der Esse als konstant vor, so gehen pro Zeiteinheit proportionale Mengen Luft- resp. Verbrennungsgas durch die Heiz- und Rostfläche. Der Druckunterschied gegenüber dem Atmosphärendruck wird nunmehr nur noch durch die Widerstände r beeinflußt, da p_0 mit v = konst. auch konstant bleibt. Ist nun der Rost ganz frei, so fließt die Luft mit kleinerem Widerstand r als bei bedecktem Rost ab, das heißt die Summa der Ausschläge p_1 ist klein, trotzdem die Luftgeschwindigkeit ein Maximum erreicht hat. Wird der Rost nun immer mehr und mehr mit Brennstoff resp. Rückständen aus demselben bedeckt, so wächst der Widerstand r bedeutend, während v immer mehr und mehr abnimmt; das heißt die Zugzahl wird größer, trotzdem die Geschwindigkeit des Verbrennungsgases und damit auch das Quantum kleiner wird.

Deshalb steigt beim Schließen der Zuluftklappen, trotzdem in diesem Fall gar keine Luft zum Rost fließt, die Zuganzeige an, während beim Öffnen der Feuertür die Zuganzeige fällt, trotzdem die Luftgeschwindigkeit durch Ausschaltung des Rostwiderstandes erheblich größer geworden ist.

Schaltet man nun die variablen Reibungswiderstand besitzende Rostfläche ab und bestimmt nur noch die Summa p_t zwischen Anfang und Ende der Heizfläche, so erhält man, da ja r H. Fl. mit genügender Genauigkeit als konstant angenommen werden kann und nur v variabel ist, Beziehungen, die sinngemäß verlaufen, d. h. bei größerer Geschwindigkeit größere Zugzahl anzeigen etc.

Zur Ausführung solcher Messungen hat man nur nötig, den einen Schenkel eines Manometers mit dem Raum über dem Rost, gleich Anfang der Heizfläche, zu verbinden, während der andere Schenkel in den Abgaskanal, gleich Ende der Heizfläche, mündet.

Diese Differenzmessung zwischen Heizflächenanfang und -ende ergibt z. B. im direkten Gegenteil zur Zugmessung bei zunehmender Verschlackung des Rostes geringere Ausschläge, welche, wenn gar keine Luft mehr durch den Rost tritt, schließlich Null werden, weil $v = 0$ und r Anfang und Ende Heizfläche hierbei ebenfalls 0 wird.

Man kann mit Differenzzugmessungen die zur Verfügung stehende Zugansaugungsenergie in ihren Werten festlegen, wenn man Versuche mit wechselnder Rostbelastung und wechselndem Luftüberschuß durchführt und hierbei diejenigen Luftmengen ermittelt, die effektiv durch die Feuerung gegangen sind.

Aus den auf Seite 164 mitgeteilten Versuchen ergab sich:

Versuch No.	1	2	3	4	5	6	7	8
Rostbelastung pro Stunde und 1 qm	52,15	51,86	67,95	68,05	92,38	91,49	110,73	112,81
Theoretisch notwendige Luftmenge pro 1 kg Brennstoff	9,51	9,50	8,84	8,88	9,55	9,20	9,50	9,20
Luftüberschußkoeffizient	1,63	2,75	1,55	2,68	1,31	2,09	1,27	1,79
Luftquantum pro Sekunde durch den Rost tretend	1,439	2,414	1,664	2,882	2,057	3,131	2,377	3,30

Zieht man den effektiven Querschnitt der Rostfläche (1,638 qm) in Betracht, so erhält man folgende Lufteintrittsgeschwindigkeiten bezogen auf Kilogramm:

Zugmessung an der Dampfkessel-Feuerung.

Versuch No.	1	2	3	4	5	6	7	8
v in m/sek.	0,878	1,473	1,015	1,757	1,255	1,911	1,451	2,019

Die Kurve, Figur 39, zeigt den Zusammenhang zwischen Gasgeschwindigkeit bezogen auf Kilogramm und Differenzzugangabe. Hiermit ist ein Mittel gegeben, um die Belastung einer Rostfläche zurückrechnen zu können.

Erfordert z. B. 1 kg Brennstoff theoretisch $\sim$ 9 kg Luft, ist ferner der Luftüberschuß L_v zu 1,72 fach ermittelt, so gelangen effektiv 15,3 kg Luft zum Oxydieren des Brennstoffes in die Feuerung.

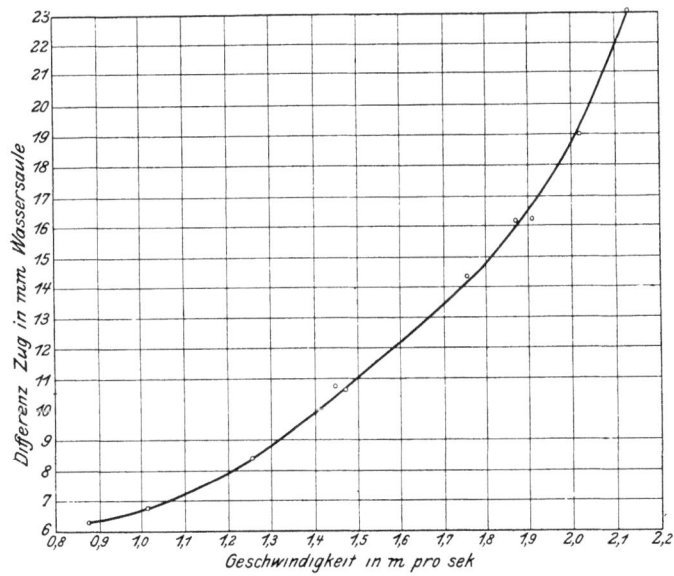

Fig. 39.

Hierbei betrage die Angabe der Differenzzugmessung 12 mm Wassersäule, d. h. es ist eine Eintrittsgeschwindigkeit von $v = 1,58$ m/sek. vorhanden.

Pro Stunde würde man erhalten:

$$Q \cdot v \cdot 3600 = 1,638 \cdot 1,58 \cdot 3600 = 9316 \text{ kg Luft.}$$

Da nun 1 kg Brennstoff 15,3 kg Luft erfordert, hat man 9316 : 15 = 608,8 kg stündlich verfeuert, die Rostflächenbelastung pro Stunde und qm beträgt mithin $\sim$ 94,9 kg Brennstoff.

In ähnlicher Weise kann die laufende Ermittelung der Heizflächenbeanspruchung durchgeführt werden.

Ein Maß für die laufend vor sich gehende Dampfentwicklung an der Heizfläche bietet in erster Linie die Geschwindigkeit des aus dem Hauptdampfentnahmerohr entströmenden Dampfes. Kennt man die Geschwindigkeit v in m/sek. und den Querschnitt $\frac{\pi \cdot d^2}{4}$ des Dampfentnahmerohrs, so ist das pro Stunde durch dasselbe fließende Dampfquantum gleich

$$3600 \cdot v \cdot \frac{\pi \cdot d^2}{4}.$$

Legt man die soeben für die Gasgeschwindigkeit abgeleiteten Beziehungen zu Grunde, so erhält man die gesuchte Dampfgeschwindigkeit v einfach aus der Messung der Druckdifferenz innerhalb einer bestimmten Rohrlänge, z. B. derart, daß man den einen Schenkel eines kommunizierenden Manometers mit der Rohrleitung kurz hinter dem Hauptabsperrventil verbindet, während der andere Schenkel in die gleiche Rohrleitung 1, 2 oder 3 m davon mündet. Der Druckausschlag p_1 wird dann wieder gemäß der Gleichung

$$p_1 = \frac{v^2}{2\,g} \cdot s + r$$

erhalten werden.

Die Messung der Dampfgeschwindigkeit kann bei der Einfachheit des hierzu nötigen Apparates und der Sicherheit seiner Angaben zu einer bedeutende Wichtigkeit besitzenden Dampfkesselkontrollmethode verwandt werden, wie einige hier mitgeteilte Versuche erkennen lassen.

Im Gegensatz zu der bei der Ermittlung der Verbrennungsgasgeschwindigkeit unmöglichen Ermittelung der Größe r (der zusätzlichen Reibung) ist man hier in der Lage, r annähernd rechnerisch festzulegen. Denn während sich im ersten Fall der freie Querschnitt in der Brennstoffschicht fortwährend ändert, hat man es hier mit einem konstanten Querschnitt, der Dampfrohrleitung, zu tun. Fischer und Gutermuth haben für die Ermittelung von r innerhalb der im Dampfkesselbetrieb vorkommenden Dimensionen folgende Formel angegeben:

$$r = \frac{15 \cdot 10}{10^8} s \cdot \frac{l}{d} \cdot v^2$$

s bedeutet hier wieder das Gewicht eines Kubikmeters Dampf in Kilogramm, l und d die Länge und den Durchmesser der Dampfrohrleitung und v die Geschwindigkeit in Metern pro Sekunde, r wird in Metern Wassersäule erhalten.

Man kann diese Formel auch

$$0{,}000\,001\,5 \frac{l}{d} \cdot s \cdot v^2 \quad \ldots \quad 48)$$

schreiben.

Hat man weiter l und d konstant und zwar in unserem Fall l = 1) 1,500 und 2) 3,000 m, d = 0,175 m, so wird durch weitere Umformung

1) $r = 0{,}000\,012\,85 \cdot s \cdot v^2$ und
2) $r = 0{,}000\,025\,75 \cdot s \cdot v^2$.

Da nun ferner in dem hier angeführten Beispiel s innerhalb der Grenzen 5,1787 und 5,5340 kg/cbm, entsprechend Dampf von 10,25 bis 11,0 kg/qcm absoluter Spannung schwankt, erhält man endlich für r bei

	1.	2.
r 10,25 kg/qcm =	$0{,}000\,006\,654 \cdot v^2$	$0{,}000\,013\,335 \cdot v^2$
r 10,50 - =	$0{,}000\,006\,806 \cdot v^2$	$0{,}000\,013\,638 \cdot v^2$
r 10,75 - =	$0{,}000\,006\,957 \cdot v^2$	$0{,}000\,014\,042 \cdot v^2$
r 11,00 - =	$0{,}000\,007\,111 \cdot v^2$	$0{,}000\,014\,251 \cdot v^2$.

Für den eingangs erwähnten Dampfkessel von 425 qm Heizfläche und für einen mittleren Dampfdruck von 10,50 kg/qcm, s = 5,2966 kg pro 1 cbm, erhält man mithin folgende Ausschläge in Millimetern Wassersäule.

1.

Stündliche Heizflächen- beanspruchung pro qm	Pro Sek. werden erzeugt		v in m/sek	$p = \dfrac{v^2}{2g} s$	$r = 0{,}000\,006\,806 \cdot v^2$	$p_1 = p + r$
kg	kg	cbm		mm	mm	mm
8	0,944	0,178	7,41	14,77	3,73	18,50
10	1,180	0,222	9,24	23,04	5,81	28,85
12	1,416	0,267	11,12	30,40	7,73	38,13
14	1,652	0,311	12,95	46,23	11,41	57,64
16	1,888	0,356	14,83	59,32	14,93	72,26

Ferner erhält man für gleiche Heizflächenbeanspruchung im Fall 2 für

r 8 kg = 7,47 mm und für p_1 = 22,24 mm
r 10 - = 11,64 - p_1 = 34,68 -
r 12 - = 15,49 - p_1 = 45,89 -
r 14 - = 22,87 - p_1 = 69,10 -
r 16 - = 29,89 - p_1 = 89,21 -

Gelangt demnach Dampf von 10,5 kg/qcm absoluter Spannung bei einer Beanspruchung der Kesselheizfläche von 16 kg pro 1 qm und Stunde durch eine Rohrleitung von 175 mm lichtem Durchmesser an seinen Verwendungsort, so erhält man einen Differenzausschlag von ∼ 89,2 mm Wassersäule, wenn man den einen Manometerschenkel 3 m von dem anderen in die Rohrleitung münden läßt.

In dem Diagramm, Figur 40, sind die Werte p, r und p_1 für die hier besprochenen Fälle 1 und 2 (1,5 und 3 m Entfernung der beiden Manometermündungsstellen in die Rohrleitung) graphisch dargestellt.

Diese Ausschläge stellen gewißermaßen mittlere Höhen dar, welche effektiv um ∼ 10, 15 % etc. größer oder geringer bei direktem Versuch ausfallen können. Der Grund hierfür ist einmal in der mehr oder minder guten Isolierung der Dampfrohrleitung, welche hierdurch mehr oder minder große Kondensationsmengen erzeugen wird, und ferner in dem je nach der Beanspruchung und Konstruktion der Kesselheizfläche sich bildenden mehr oder minder großen Feuchtigkeitsgehalte des produzierten Dampfes zu suchen.

Deshalb wird man in jedem Fall die Ausschläge, welche zwischen zwei Meßpunkten resultieren, durch Versuch empirisch festlegen.

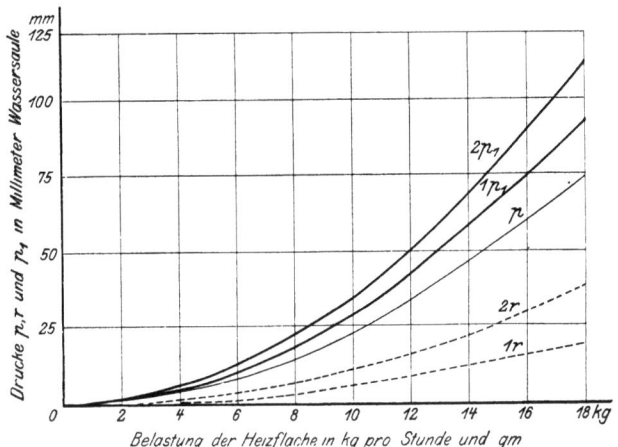

Fig. 40.

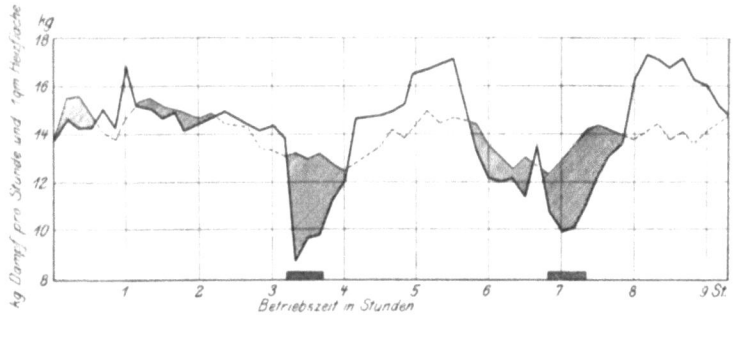

Fig. 41.

Im Diagramm, Figur 41, ist ein Betriebsbild gegeben. Die stark ausgezogene Linie stellt die aus den Angaben des Dampfgeschwindigkeitsmessers abgeleitete Belastung der Heizfläche in Kilogrammen pro Stunde und Quadratmeter dar. Naturgemäß geht die Dampfproduktion mit der Zunahme der Rostverschlackung abwärts, um in der Abschlackperiode ein Minimum zu erreichen.

Zu gleicher Zeit ist aus dem Verbrauch des jeweilig verspeisten Wassers die zugehörige Geschwindigkeit umgerechnet und punktiert eingetragen; die Kurven würden sich vollständig decken, wenn einmal das zugeführte Speisewasser gleich dem im abgeführten Dampf vorhandenen analog und wenn die zugeführte Wärmemenge konstant wäre. So hat man z. B. in den Abschlackperioden bedeutend mehr Speisewasser im Kessel, als Dampf denselben verläßt.

Es lassen sich nun folgende Kontrollmethoden neben der eingangs erwähnten — automatische Gasanalyse und Dampfbelastungs-Ermittelung — unter Benutzung der hier erörterten Geschwindigkeitsmessungen anführen.

Automatische Gasanalyse und Zuggeschwindigkeitsmessung. Registriert man außer dem Kohlensäure- oder Sauerstoffgehalt der Verbrennungsgase, allgemein dem Luftüberschuß, mit dem ein Brennstoff verfeuert wird, auch noch die Zuggeschwindigkeit, so kann man sowohl auf die Güte der Verbrennung, als auch auf die Leistung in Bezug auf die pro Zeiteinheit verfeuerte Brennstoffmenge einen Rückschluß machen. Diese Doppelkontrolle ist unumgänglich, sobald mehrere Kessel in Betrieb sind, welche wohl das verlangte Quantum Dampf vorgeschriebener Spannung erzeugen, jedoch unter Umständen mit ganz verschiedener Beanspruchung, sodaß beispielsweise von 10 in Betrieb befindlichen Kesseln 4 Stück 55 % und 6 Stück 45 % des total produzierten Dampfquantums liefern.

Würde man, um den gleichen Einblick zu erlangen, den Brennstoff neben der Gaszusammensetzungs-Ermittelung wiegen, so erhielte man in Bezug auf die geleistete Arbeit des Heizers nur einen Mittelwert, niemals aber den Verlauf der Arbeit während der Betriebszeit. Zudem gibt ja gerade die Zuggeschwindigkeitsmessung einen klaren Einblick in die Art der geleisteten Arbeit; aus dem Diagramm ersieht man, wie oft die

Feuertür zwecks Beschickung oder Druckrückung des Rostbelages geöffnet wurde, wie lange die Abbrennzeit dauerte etc., weil ja die Zuggeschwindigkeit beim Öffnen der Feuertür sofort ansteigt. In Figur 42 ist ein solches Doppeldiagramm dargestellt. Bildet man die mittleren Werte, so erhält man

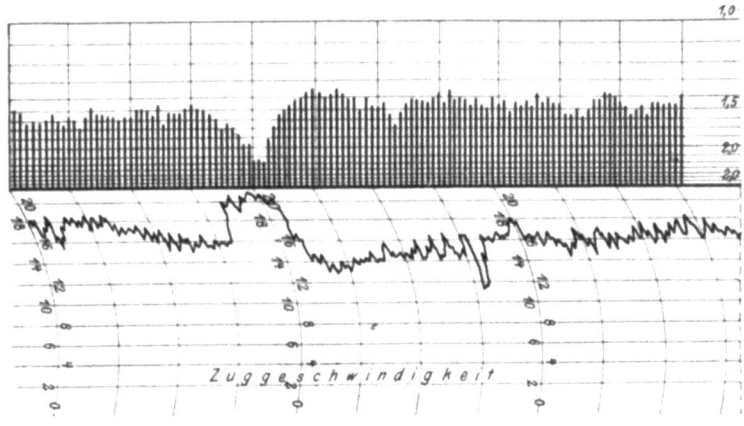

Fig. 42.

während der in der Figur gekennzeichneten Betriebsdauer und unter Benutzung der in Figur 39 dargestellten Zuggeschwindigkeitskurve:

Mittlerer Zuggeschwindigkeitsausschlag . . . . . 16,3 mm Wassersäule
Mittlerer Luftüberschuß . . . . 1,63 fach
Mittlere Geschwindigkeit der zuströmenden Luft . 1,88 m/sek.
Stündlich angesaugtes Luftquantum . . . . . . 11 085 kg
Theoretische Luftmenge pro 1 kg Brennstoff . . . $\sim$9,5 -
Tatsächlich verwandte Luftmenge pro 1 kg Brennstoff $\sim$15,9 -
Verfeuerte Brennstoffmenge pro Stunde . . . . . $\sim$697 -
    -      -   pro 1 qm Rostfläche . $\sim$108 -.

Qualität und Quantität der Arbeitsleistung gut.

Zug- und Dampfgeschwindigkeitsmessung. Mit der laufenden Erkenntnis der produzierten Dampfmenge und in Verbindung mit den zwischen Zuggeschwindigkeit und Gasquantum bestehenden Beziehungen erhält man eine einfachere Kontrollmethode als die soeben behandelte, weil die dauernde

Gasuntersuchung mit all ihren Betriebsschwierigkeiten in Wegfall kommt. Durch beide Beziehungen erhält man ein einfaches Maß, welches das für jede Heizflächenbelastung zum Verfeuern der hierzu nötigen Brennstoffmenge zugehörige Quantum Verbrennungsluft immer so einzustellen gestattet, daß der günstigste Nutzeffekt der Verbrennung in Bezug auf den Luftüberschuß resultiert.

In den Versuchen auf Seite 164 ergaben sich folgende Verhältnisse:

	Heizflachenbeanspruchung Dampf pro Std. u. qm Heizfl.	Zuggeschwindigkeitszahl Wassersäule
Effekt des Dampferzeugungsbetriebes normal	7,51 kg	6,03 mm
	8,65 -	6,76 -
	12,63 -	8,38 -
	14,24 -	10,76 -
	16,93 -	16,14 -
anormal	6,46 kg	10,66 mm
	7,98 -	14,36 -
	11.14 -	16,18 -
	13,37 -	18,91 -
	16,06 -	23,09 -

Würde man nun einen Dampfgeschwindigkeitsmesser mit einer doppelten Teilung versehen, sodaß neben der Belastungsangabe die dem praktisch geringsten Luftüberschuß entsprechende Zuggeschwindigkeitszahl vorhanden ist, so hätte man nach einem Zuggeschwindigkeitsmesser (Figuren 17 u. 18) nur dieses Quantum Verbrennungsluft einzuhalten, um gewiß zu sein, daß die zur Dampferzeugung im günstigsten Fall nötige Brennstoffmenge mit dem geringsten Luftüberschuß verfeuert wird. Das heißt nun nichts anderes, als daß sowohl der Nutzeffekt der Wärmeerzeugungsanlage als der der Wärmeabsorptionsanlage hiermit laufend im besten Verhältnis zueinander gehalten werden können.

Zeigt also ein Dampfgeschwindigkeitsmesser

$\sim \begin{cases} 7{,}51 & 8{,}65 & 12{,}63 & 12{,}24 \text{ kg Dampf pro Std. und qm} \\ 6{,}03 & 6{,}76 & 8{,}38 & 10{,}76 \text{ mm Zuggeschwindigkeit,} \end{cases}$

so heißt das nichts anderes, als daß der Essenschieber etc. so eingestellt werden muß, daß am daneben befindlichen Zuggeschwindigkeitsmesser die unter der Belastungsziffer stehenden Zuggeschwindigkeitszahlen resultieren. Hat man weiter z. B.

6,46   7,98   11,14   13,37 kg Dampf pro Std. und qm

am Dampfgeschwindigkeitsmesser, am Zuggeschwindigkeitsmesser jedoch

10,66   14,36   16,18   18,91 mm Wassersäule,

so kann man sicher sein, daß die Verhältnisse untereinander die denkbar schlechtesten sind, d. h., daß das bei der augenblicklichen Belastung maximalste Verbrennungsgasquantum, bedingt durch Luftüberschuß, durch die Heizflächen Wärme verschwendend abfließt.

Zug- und Zuggeschwindigkeitsmesser. Eine dritte Form der Kontrolle, allerdings die einfachste und deshalb am geringsten umfassende, wird durch Zugmesser und Zuggeschwindigkeitsmesser angestrebt. Die Beobachtung der Belastung der Heizfläche fällt hier ganz fort, durch jedes der beiden Instrumente soll dem Heizer ein Fingerzeig über die Vorgänge auf dem Rost gegeben werden, ohne daß sich derselbe selbst durch Öffnen der Feuertür von dem Zustand der Verbrennung überzeugt. Für die Durchführung dieser Beobachtungen empfiehlt sich die Verwendung eines Instruments, welches sowohl den Unterdruck über dem Rost als auch die Zuggeschwindigkeit als Unterdruckdifferenz zwischen Anfang und Ende der Heizfläche angibt, z. B. Instrument Figur 18. Es bedarf natürlich einer empirischen Feststellung in ähnlicher Art und Weise wie bei der Durchführung der Versuche auf Seite 164; das Wesen der Kontrollmethode mit Zug- oder Zuggeschwindigkeitsmesser ergibt sich aus dem in diesem Abschnitt über den gleichen Gegenstand Gesagten von selbst.

Sachregister.

Ados Apparat 125.
Äthylen, Bestimmung desselben 113.
—, Konstanten desselben 22.
Anfangstemperatur bei direkter Verbrennung 50.

Bildungswärme von Salpetersäure 151.
Bildungs- und Lösungswärme von Schwefelsäure und Schwefeldioxyd 151.
Blähprobe, Bochumer, bei Brennstoffen 157.
Bombe, kalorimetrische 138.
Brennstoffe, Betriebsbrauchbarkeit 63.
Brennstoffersparnis bei wechselndem Dampfbetrieb 164.
Brennstoffuntersuchung 141.
Brennwert, Ableitung desselben 150 bis 154.

Dampfgeschwindigkeitsmessung 178.
Dampffeuchtigkeit, Nachweis durch den Überhitzer 86, 93, 96.
Dampfkesselbetriebskontrolle 162.
Dampfkesselheizfläche, Wärmeaufnahmefähigkeit derselben 65.
Dampf- und Zug-Geschwindigkeitsmessung als Kontrolle 184.
Differenz-Zugmessung 175.
—, Beziehungen zum Gasquantum 177.
Druckgenerator 13.
Druckmanometer 113.
Dürr, Zugmesser nach 111.

Effekt, pyrometrischer, bei direkter Verbrennung 50.
Eigenwärme der Generatorgase 27, 30.
Ekonomiser 98.
Elementaranalyse von Brennstoffen 140.
—, Berechnung vom lufttrockenen auf den ursprünglichen Zustand 155, 156.
Entgasung 2, 19.

Fettkohle 157.
Fuchs, Generatorgas-Untersuchungsapparat 117.
—, Verbrennungsgas-Untersuchungsapparat 125.

Gasanalyse und Zuggeschwindigkeitsmessung als Kontrolle 182.
Gasanteil bei der Entgasung 19.
Gase, spezifische Wärme derselben 28, 29.
Gasgenerator-Betrieb, Kontrolle desselben 158.
—, Gasausbeute und Nutzeffekt desselben bei Nebenreaktionen 160.
—, Gasgewichte hierbei 161.
Gasgiebigkeit von Brennstoffen 156.
Gaskohlengruppe 157.
Gasmengen und Zusammensetzung bei der Ver- und Entgasung 21.
Gasmengenberechnung bei Generatoren 23.
Gaswasser bei der Entgasung 19.
Gaswägung nach Recknagel 107.
Gaszusammensetzungsmessung 115.
Gegenstromheizfläche 68.
Gegenstrom-Gleichstromheizfläche bei Überhitzern 94.
Generatoren 1.
Generatorgas 13.
Generatorgase, Brennwertberechnung 26.

Sachregister.

Generatorgase, Eigenwärme 27, 30.
—, Kohlenstoffgehalt 23.
—, Luftmengen zur Verbrennung 32.
—, Verbrennungsgasmenge 33.
Generatorgasprozeß, Nutzeffekt desselben 27.
Geschwindigkeitsmesser für zirkulierendes Wasser 114.
Gleichstrom-Heizfläche 67.
Grenzwerte von CO_2 und CO bei der C-Vergasung 9.

Halbwassergas 13.
Heizflächenbeanspruchung 66.
Heizwert 26.
—, Ableitung aus der Verbrennungswärme 150, 154.
—, Berechnung aus der Zusammensetzung 42.
—, Berechnung vom lufttrockenen auf den ursprünglichen Zustand 156.

Kalorimeter nach Mahler-Kröcker 138.
Kalorimeter, Untersuchungen mit demselben 144.
—, Temperatur - Beobachtung und Korrigierung 146.
—, Wasserwert desselben 147.
Kohlenoxyd, Konstanten desselben 22.
—, Ermittlung desselben 115.
Kohlensäure, Bildung derselben 6.
—, Ermittlung derselben 115.
—, Konstanten derselben 22.
—, Luftmengen zur Bildung derselben aus C 6.
— neben CO bei der Vergasung 7.
Kohlenstoff, Eigenschaften desselben 56.
—, Ermittlung in Brennstoffen 155.
—, Gehalt desselben in den Generatorgasen 23.
—, Vergasung desselben durch Luft 3.
—, Luftmengen hierzu 4.
—, Vergasung desselben durch Wasserdampf 11.
Kohlenwasserstoffe 56.
Koksausbeute 19, 156.
Krell-Fuchs, Mikromanometer 105.
Krell-Schultze, Kohlensäurevermittlungsapparat 135.
Kontrolle des Dampfkessel-Betriebes 162.
— des Gasgenerator-Betriebes 158.

Lösungswärme von Schwefelsäure in Wasser 151.
Luftgas 13.
Luftgeschwindigkeitsmesser 126.
Luftmengen zur direkten Verbrennung 42, 44.
— zur Verbrennung von C zu CO_2 6.
— zur Verbrennung von Generatorgasen 32.
— zur Vergasung von C 4.
Luftüberschuß 35.
—, Ursachen desselben im Dampfkesselbetrieb 167.
Luftzusammensetzung 3.

Magerkohle 154.
Manometer für hohe Drücke 113.
— nach Rabe 110.
Methan, Ermittlung desselben 115.
—, Konstanten desselben 22.
Mikromanometer nach Krell-Fuchs 105.
Mischgas 13.

Nebenreaktionen bei der Vergasung 159.
—, Gasausbeuten und Nutzeffekte hierbei 160.
Nutzeffektberechnung der direkten Verbrennung 49.
— der Wärmeaufnahme eines Dampfkessels 74.
— eines Überhitzers 97.
— eines Vorwärmers 99.
— von Generatorprozessen 27.

Pyrometrischer Effekt bei der direkten Verbrennung 50.

Quecksilber-Thermometer 101.
—, registrierende 104.

Rabe, Manometer nach 110.
Rauchentwicklung 59.
Reaktions-Temperatur bei der Vergasung 9.
Recknagel, Gaswägung nach 107.
Reduzierte Verdampfung, Berechnung derselben 43.
Rostbetriebsdauer 61.
Rückstände, Bestimmung derselben in Brennstoffen 155.

Sauerstoff, Konstanten 22.
Sauggenerator 13.
Schubert, Zugmesser nach 112.

Schwefel, Ermittlung desselben in Brennstoffen 154.
Spezifische Wärme der Gase 28—29.
— des Wassers 66.
Stickstoff, Konstanten 22.

Temperatur, Anfangs-Temperatur bei direkter Verbrennung 54.
—, Korrektur der Beobachtungen bei kalorimetrischen Messungen 146.
—, Messung derselben 101.
Teeranteil bei der Entgasung 19.
Thermoelemente 102.
—, registrierende 104.
Thermometer-Korrekturen 102, 139.

Überhitzerheizfläche, Einfluß auf die Dampffeuchtigkeit 86.
— nach Gegen- und Gleichstrom 94.
—, Wärmeubergang an derselben 96.

Verbrennung, direkte 40.
—, Temperatur hierbei 54.
—, Nutzeffekt derselben 49.
—, Gasmenge hierbei 45.
—, Luftmengen hierzu 42, 44.
Verbrennung von Generatorgasen, Luftmengen hierzu 32.
—, Verbrennungsgasmengen hierb. 33.
Verbrennungsgas-Untersuchungsapparat nach Fischer-Fuchs 125.
— nach Arndt 128, 134.
— nach Krell-Schultze 135, 136.
Verbrennungswärme 26.
—, Ermittlung derselben 149.
Verdampfungswärme des Wassers als Abzug beim Heizwert 150.
Verdampfungsziffer 43.
Vergasung von C durch O 2, 3.
—, Luftmengen hierzu 4.
—, Reaktionstemperatur hierbei 9.
—, Wärmemengen hierbei 10.
— von C durch H_2O 11.
—, H_2O-Mengen hierzu 12, 13.
—, Wärmemengen hierbei 14, 18.
Vergasungsvorgange, Nebenreaktionen hierbei 159.
—, Gasausbeuten und Nutzeffekte hierbei 160.
Vorwärmer, Nutzeffekt desselben 99.

Wasser, Eigenschaften desselben als Brennstoff-Bestandteil 61.
—, spezifische Wärme desselben 66.
—, Geschwindigkeit desselben beim Verdampfen im Wasserrohrkessel 73.
Wasserdampfmenge zur Vergasung von C 14.
Wassergas 13.
Wasserstoff, Eigenschaften desselben 56.
—, Ermittlung desselben in Brennstoffen 155.
—, in Generatorgasen 115.
—, Konstanten desselben 22.
Wasserwert des Kalorimeters 147.
Wärme, spezifische, von Gasen 28, 29.
Wärmeaufnahmefähigkeit, Abhängigkeit vom Wärmeträger 86.
— der Dampfkesselheizfläche 65.
— der Überhitzer 89.
— der Vorwärmer 98.
Wärmeerzeugung durch direkte Verbrennung 41.
Wärmemengen bei der Vergasung von C durch O 10.
— von C durch H_2O 15.
— bei der Mischvergasung 16.
Wärmeübergangskoeffizient an der Dampfkesselheizfläche 69, 79.
— am Überhitzer 96.
— am Vorwärmer 99.

Zuggeschwindigkeit 172.
Zug-Reibungsarbeit zur Uberwindung von Widerständen 173.
Zugmessung, Differenzzugmessung 175.
Zugvorgänge bei der Dampfkessel-Feuerung 171.
Zugmesser nach Schubert 112.
— nach Dürr 110.
— als Kontrolle 185.
Zusammensetzung der Generatorgase 22, 24.
— der Luft 3.
Zundvorrichtung für Verbrennung im Kalorimeter 140.

Verlag von Julius Springer in Berlin.

Technische Untersuchungsmethoden zur Betriebskontrolle,
insbesondere zur Kontrolle des Dampfbetriebes.

Zugleich ein Leitfaden für die
Arbeiten in den Maschinenbaulaboratorien technischer Lehranstalten.

Von **Julius Brand,**
Ingenieur,
Oberlehrer der Königlichen vereinigten Maschinenbauschulen zu Elberfeld.

Mit 168 Textfiguren, 2 Tafeln und mehreren Tabellen.

In Leinwand gebunden Preis M. 6.—.

Der Dampfkessel-Betrieb.
Allgemeinverständlich dargestellt.

Von **E. Schlippe,**
Königlichem Gewerberat zu Dresden.

Dritte, verbesserte und vermehrte Auflage.

Mit zahlreichen Textfiguren. — In Leinwand gebunden Preis M. 5,—.

Die Dampfkessel.
Ein Lehr- und Handbuch für Studierende Technischer Hochschulen, Schüler Höherer Maschinenbauschulen und Techniken, sowie für Ingenieure und Techniker.

Von **F. Tetzner,**
Professor,
Oberlehrer an den Königl. vereinigten Maschinenbauschulen zu Dortmund.

Zweite, verbesserte Auflage.

Mit 134 Textfiguren und 38 lithogr. Tafeln. — In Leinwand geb. Preis M 8.—

Dampfkessel-Feuerungen
zur Erzielung einer möglichst rauchfreien Verbrennung.
Im Auftrage des Vereines deutscher Ingenieure bearbeitet von

F. Haier,
Ingenieur in Stuttgart.

Mit 301 Figuren im Text und auf 22 lithographischen Tafeln.

In Leinwand gebunden Preis M 14.—.

Verdampfen, Kondensieren und Kühlen.
Erklärungen, Formeln und Tabellen für den praktischen Gebrauch.

Von **E. Hausbrand,**
Oberingenieur der Firma C. Heckmann in Berlin.

Dritte, durchgesehene Auflage.

Mit 21 Textfiguren und 76 Tabellen. — In Leinwand gebunden Preis M. 9.—

Kondensation.
Ein Lehr- und Handbuch über Kondensation und alle damit zusammenhängenden Fragen, einschließlich der Wasserrückkühlung.

Für Studierende des Maschinenbaues, Ingenieure, Leiter größerer Dampfbetriebe, Chemiker und Zuckertechniker.

Von **F. J. Weiß,**
Zivilingenieur in Basel.

Mit 96 Textfiguren. — In Leinwand gebunden Preis M 10.—

Zu beziehen durch jede Buchhandlung.

Verlag von Julius Springer in Berlin.

Hilfsbuch für Dampfmaschinen-Techniker.

Unter Mitwirkung von Professor A. Käs verfaßt und herausgegeben

von **Josef Hrabák,**

k. u. k. Hofrat, emer. Professor an der k. k. Bergakademie zu Pribram.

Dritte Auflage. In zwei Teilen.

Mit Textfiguren. — In Leinwand gebunden Preis M. 16,—.

Theorie und Berechnung der Heißdampfmaschinen.

Mit einem Anhange über die
Zweizylinder-Kondensations-Maschinen mit hohem Dampfdruck.

Von **Josef Hrabák,**

k. u. k. Hofrat, emer. Professor der k. k. Bergakademie zu Pribram.

In Leinwand gebunden Preis M. 7,—.

Berechnung der Leistung und des Dampfverbrauches

der Einzylinder-Dampfmaschinen.

Ein Taschenbuch zum Gebrauch in der Praxis.

Von **Joseph Pechan,**

Professor des Maschinenbaues an der k. k. Staatsgewerbeschule in Reichenberg.

Mit 6 Textfiguren und 38 Tabellen. — In Leinwand gebunden Preis M. 5,—.

Die Wärmeausnutzung bei der Dampfmaschine.

Von **W. Lynen,**

Aachen.

Preis M. 1,—.

Geschichte der Dampfmaschine.

Ihre kulturelle Bedeutung, technische Entwickelung und ihre großen Männer.

Von **Konrad Matschoß,**

Ingenieur.

Mit 188 Textfiguren, 2 Tafeln u. 5 Bildnissen. — In Leinwand geb. Preis M. 10,—.

Die Dampfturbinen

mit einem Anhange
über die Aussichten der Wärmekraftmaschinen und der Gasturbine.

Von **Dr. A. Stodola,**

Professor am Eidgenössischen Polytechnikum in Zürich.

(Dritte Auflage unter der Presse.)

Zu beziehen durch jede Buchhandlung.

Verlag von Julius Springer in Berlin.

Das Entwerfen und Berechnen der Verbrennungsmotoren.

Handbuch für Konstrukteure und Erbauer von Gas- und Ölkraftmaschinen.

Von **Hugo Güldner,**

Oberingenieur, gerichtlich vereideter Sachverständiger für Motorenbau.

(Zweite Auflage unter der Presse.)

Die Steuerungen der Dampfmaschinen.

Von **Carl Leist,**

Professor an der Kgl. Technischen Hochschule zu Berlin.

Zweite, sehr vermehrte und umgearbeitete Auflage,

zugleich als fünfte Auflage des gleichnamigen Werkes von Emil Blaha.

Mit 553 Textfiguren. — In Leinwand gebunden Preis M. 20.—.

Die Regelung der Kraftmaschinen.

Berechnung und Konstruktion
der Schwungräder, des Massenausgleichs und der Kraftmaschinenregler
in elementarer Behandlung.

Von **Max Tolle,**

Professor und Maschinenbauschuldirektor.

Mit 372 Textfiguren und 9 Tafeln. — In Leinwand geb. Preis M. 14.—.

Die Bedingungen für eine gute Regulierung.

Eine Untersuchung der Regulierungsvorgänge bei Dampfmaschinen und Turbinen.

Von **J. Isaachsen,**

Ingenieur.

Mit 34 Textfiguren — Preis M. 2,—.

Der Reguliervorgang bei Dampfmaschinen.

Von Dr.-Ing. **B. Rülf.**

Mit 15 Textfiguren und 3 Tafeln. — Preis M. 2.—.

Fliehkraft und Beharrungsregler.

Versuch einer einfachen Darstellung der Regulierungsfrage im Tolleschen Diagramm.

Von Dr.-Ing. **Fritz Thümmler.**

Mit 21 Textfiguren und 6 lithographischen Tafeln. — Preis M. 4,—.

Zu beziehen durch jede Buchhandlung.

Verlag von Julius Springer in Berlin.

Hilfsbuch für den Maschinenbau.
Für Maschinentechniker sowie für den Unterricht an technischen Lehranstalten.

Von **Fr. Freytag,**
Professor, Lehrer an den technischen Staatslehranstalten in Chemnitz

Ein Band von 1016 Seiten mit 867 Textfiguren und 6 Tafeln.

In Leinwand gebunden Preis M. 10.—, in Leder gebunden M. 12,—.

Technische Mechanik.
Ein Lehrbuch der Statik und Dynamik für Maschinen- und Bauingenieure.

Von **Ed. Autenrieth,**
Oberbaurat und Professor an der Königl. Technischen Hochschule zu Stuttgart.

Mit 327 Textfiguren. — Preis M. 12,—. in Leinwand gebunden M. 13.20.

Maschinenelemente.
Ein Leitfaden zur Berechnung und Konstruktion der Maschinenelemente für technische Mittelschulen,
Gewerbe- und Werkmeisterschulen sowie zum Gebrauche in der Praxis.

Von **Hugo Krause,**
Ingenieur.

Mit 305 Textfiguren. — In Leinwand gebunden Preis M 5,—.

Die Werkzeugmaschinen.
Von **Hermann Fischer,**
Geh. Regierungsrat und Professor an der Königl. Technischen Hochschule zu Hannover.

I. Die Metallbearbeitungsmaschinen.	II. Die Holzbearbeitungsmaschinen.
Zweite, verm. u. verbess. Auflage.	Mit 421 Textfiguren.
Mit 1545 Textfiguren und 50 lithogr. Tafeln.	
2 Bände. In Leinwand geb. Preis M. 45,—.	In Leinwand gebunden Preis M. 15.—

Die Gebläse.
Bau und Berechnung der Maschinen zur Bewegung, Verdichtung und Verdünnung der Luft.

Von **Albrecht von Ihering,**
Kaiserl. Regierungsrat, Mitglied des Kaiserl. Patentamtes,
Dozent an der Königl. Friedrich-Wilhelms-Universität zu Berlin.

Zweite, umgearbeitete und vermehrte Auflage.

Mit 522 Textfiguren und 11 Tafeln. — In Leinwand gebunden Preis M. 20.—

Leitfaden zum Berechnen und Entwerfen
von
Lüftungs- und Heizungs-Anlagen.
Auf Anregung Seiner Exzellenz des Herrn Ministers der öffentlichen Arbeiten verfaßt
von **H. Rietschel,**
Geh. Regierungsrat, Professor an der Kgl. Techn. Hochschule zu Berlin.

Dritte, vollständig neu bearbeitete Auflage.

Zwei Teile. — Mit 72 Textfiguren, 21 Tabellen und 28 Tafeln
In zwei Leinwandbande gebunden Preis M 20,—.

Zu beziehen durch jede Buchhandlung.

MIX
Papier aus verantwortungsvollen Quellen
Paper from responsible sources
FSC® C105338

If you have any concerns about our products,
you can contact us on
ProductSafety@springernature.com

In case Publisher is established outside the EU,
the EU authorized representative is:
**Springer Nature Customer Service Center GmbH
Europaplatz 3, 69115 Heidelberg, Germany**

Printed by Libri Plureos GmbH
in Hamburg, Germany